1 文字を使った式 ①

月　日

1　クッキーが１ふくろと５個あります。クッキーは全部で13個です。クッキーは、１ふくろに何個入っていますか。１ふくろのクッキーの数をxとして式に表し、答えを求めましょう。

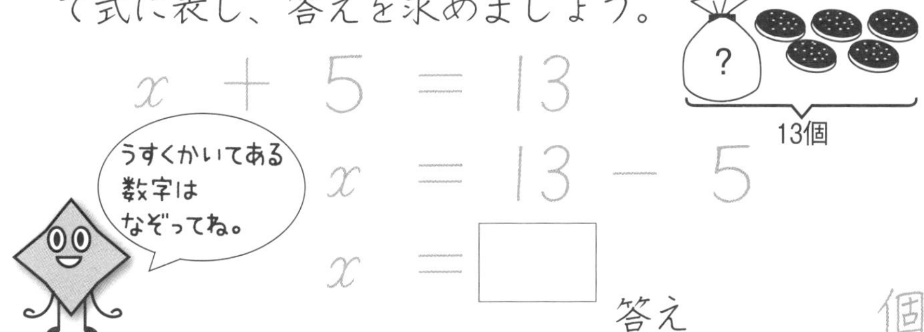

$x + 5 = 13$

$x = 13 - 5$

$x = \square$

答え　　　　個

2　せんべいが１ふくろと５枚(まい)あります。せんべいは全部で15枚です。せんべいは、１ふくろに何枚入っていますか。１ふくろのせんべいの数をxとして式に表し、答えを求めましょう。

おせんべい
?
15枚

$x + 5 = 15$

$x = 15 - \square$

$x = \square$

答え　　　　枚

2 文字を使った式 ②

月　日

1　灯油の入ったポリタンクがあります。そこへ灯油を15L入れると20Lになります。灯油は、はじめに何L入っていましたか。はじめの灯油をxとして式に表し、答えを求めましょう。

$x + 15 =$ □

$x =$ □ $-$ □

$x =$ □

答え　　　L

2　米が1ふくろと1.2kgあります。米は合わせて6.7kgです。米は、1ふくろに何kg入っていましたか。ふくろの米をxとして式に表し、答えを求めましょう。

$x +$ □ $=$ □

$x =$ □ $-$ □

$x =$ □

答え　　　kg

文字を使った式 ③

月　日

1　私(わたし)は色紙を35枚(まい)持っています。姉さんが何枚かくれたので、50枚になりました。もらった色紙をxとして式に表し、xを求めましょう。

$35 + x = 50$

$x = 50 - 35$

$x = \square$

答え　　枚

2　学級文庫は43冊(さつ)です。そこへ何冊か入れたので、50冊になりました。新しく入れた本をxとして式に表し、xを求めましょう。

$43 + x = \square$

$x = \square - 43$

$x = \square$

答え　　冊

月　日

1 ぼくは船のカードを23枚(まい)持っています。兄さんが何枚かくれたので、33枚になりました。もらったカードをxとして式で表し、xを求めましょう。

23 ＋ □ ＝ 33

□ ＝ 33 − □

□ ＝ □

答え ＿＿＿＿ 枚

2 ぼくは拾ったくり40個をざるに入れました。弟も同じざるに入れたので、70個になりました。弟が入れたくりをxとして式で表し、xを求めましょう。

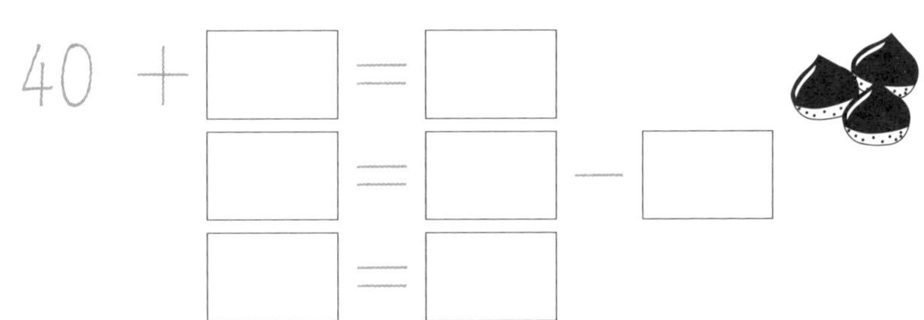

答え ＿＿＿＿ 個

5 文字を使った式 ⑤

月　日

1 卵(たまご)が何個かあります。7個使ったので、残りは23個です。はじめの卵をxとして式で表し、xを求めましょう。

たまご
?個
7個

$x - 7 = 23$

$x = 23 + 7$

$x = \square$

答え　　　　個

2 おにぎりが何個かあります。6個食べたので、残りは14個です。はじめのおにぎりをxとして式で表し、xを求めましょう。

おにぎり
?個
6個

$x - 6 = \square$

$x = \square + \square$

$x = \square$

答え　　　　個

6 文字を使った式 ⑥

月　日

1　ペットボトルのお茶を4dL飲んだので、残りは6dLです。はじめのお茶をxとして式で表し、xを求めましょう。

x − □ = 6

□ = 6 + □

□ = □

答え　　　　dL

2　パック入りの牛乳（ぎゅうにゅう）を2dL飲んだので、残りは8dLです。はじめの牛乳をxとして式で表し、xを求めましょう。

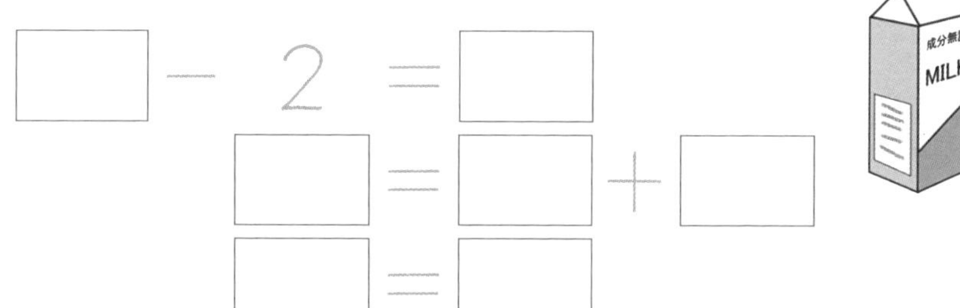

答え　　　　dL

7 文字を使った式 ⑦

月　日

1 トマトが20個あります。何個か食べたので、残りは12個です。食べたトマトをxとして式で表し、xを求めましょう。

$$20 - x = 12$$

$$x = 20 - 12$$

$$x = \square$$

答え　　　個

2 いちごが25個あります。何個か食べたので、残りは10個です。食べたいちごをxとして式で表し、xを求めましょう。

$$25 - x = 10$$

$$x = \square - 10$$

$$x = \square$$

答え　　　個

8 文字を使った式 ⑧

月　日

1　70cmのリボンを、何cmか使ったので、残りは40cmです。使った長さをxとして式で表し、xを求めましょう。

70cm

□ − x ＝ 40

x ＝ □ − □

x ＝ □

答え　　cm

2　50mのロープを、何mか使ったので、残りは20mです。使った長さをxとして式で表し、xを求めましょう。

50m

□ − x ＝ □

□ ＝ □ − □

□ ＝ □

答え　　m

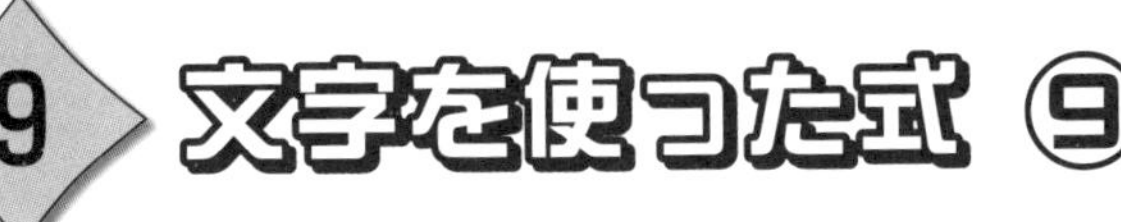

月　日

1　同じ値段（ねだん）のえん筆は、５本400円です。えん筆１本の値段をxとして式に表し、xを求めましょう。

5本　400円

$$x \times 5 = 400$$

$$x = 400 \div 5$$

$$x = \square$$

答え　　　　円

2　同じ値段のノートは、５冊600円です。ノート１冊の値段をxとして式に表し、xを求めましょう。

ノート

5冊　600円

$$x \times 5 = 600$$

$$x = \square \div 5$$

$$x = \square$$

答え　　　　円

10 文字を使った式 ⑩

月　日

1　牛乳（ぎゅうにゅう）の紙パックは、半ダース（6本）で30dLです。紙パック1本分の量をxとして式に表し、xを求めましょう。

$x \times \square = 30$

$x = 30 \div 6$

$x = \square$

答え　　　dL

2　スティックのりは、半ダースで240gです。スティックのり1本分の重さをxとして式に表し、xを求めましょう。

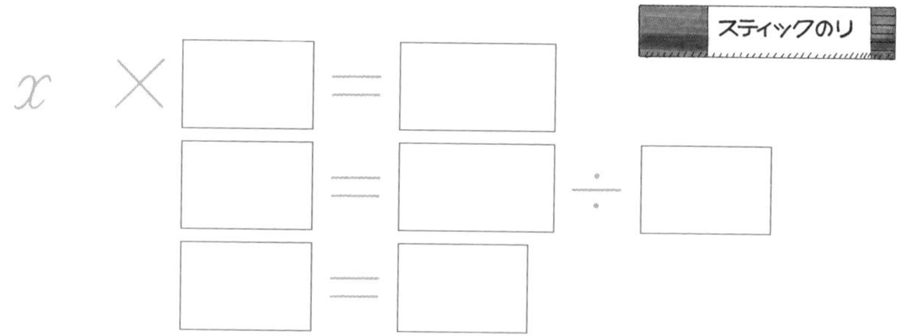

答え　　　g

11 文字を使った式 ⑪

月　日

1　灯油4L入りのポリタンクが、何個かあります。この灯油は、全部で24Lです。ポリタンクの数をxとして式に表し、xを求めましょう。

$4 \times x = 24$

$x = 24 \div 4$

$x = \square$

答え　個

2　油3L入りのかんが、何個かあります。この油は、全部で24Lです。かんの数をxとして式に表し、xを求めましょう。

$3 \times x = 24$

$x = \square \div \square$

$x = \square$

答え　個

12 文字を使った式 ⑫

月　日

1　周りが60cmの正方形があります。この正方形の1辺の長さをxとして式に表し、xを求めましょう。

周りの長さ 60cm

正方形

x × □ = 60

x = 60 ÷ □

x = □

答え　　cm

2　1周すると100mの正方形の池があります。この正方形の1辺の長さをxとして式に表し、xを求めましょう。

x × □ = □

□ = □ ÷ □

□ = □

答え　　m

月　日

1　長方形の畑を20m²ずつに分けると、4等分できます。畑全体の広さをxとして式に表し、xを求めましょう。

20m²	20m²	20m²	20m²

$x \div 20 = 4$

$x = 4 \times 20$

$x = \square$

答え　　　m²

2　リボンを40cmずつ切っていくと、5等分できます。リボン全体の長さをxとして式に表し、xを求めましょう。

40cm

$x \div 40 = 5$

$x = 5 \times \square$

$x = \square$

答え　　　cm

14 文字を使った式 ⑭

月　日

1　1箱のさくらんぼを50gずつ皿に分けると、6皿分になりました。さくらんぼ全体の重さをxとして式で表し、xを求めましょう。

$x \div \square = 6$

$x = 6 \times \square$

$x = \square$

答え　　　　g

2　1本のウーロン茶を2dLずつコップに入れると、10個分になりました。ウーロン茶の量をxとして式に表し、xを求めましょう。

$x \div \square = \square$

$\square = \square \times \square$

$\square = \square$

答え　　　　dL

15 文字を使った式 ⑮

月　日

1　200個のクッキーを、同じ数ずつ分けると、10箱分になりました。1箱分のクッキーの数をxとして式に表し、xを求めましょう。

$200 \div x = 10$

$x = 200 \div 10$

$x = \square$

答え　　　個

2　40個のりんごを、同じ数ずつ分けると、10人分になりました。1人分のりんごの数をxとして式に表し、xを求めましょう。

りんご

$40 \div x = 10$

$x = \square \div 10$

$x = \square$

答え　　　個

16 文字を使った式 ⑯

月　日

1 200gのバターを、同じ重さずつに分けると、5つに分けられました。1つ分の重さをxとして式に表し、xを求めましょう。

バター
200g

$\square \div x = 5$

$x = \square \div 5$

$x = \square$

答え　　　　g

2 350mLのジュースを、同じ量ずつコップに入れていくと、5つに分けられました。コップ1つ分の量をxとして式に表し、xを求めましょう。

ジュース
350mL

答え　　　　mL

17 分数のかけ算 ①

月　日

1　1Lのペンキで5m²のかべがぬれます。$\frac{2}{7}$Lでは、何m²ぬれますか。

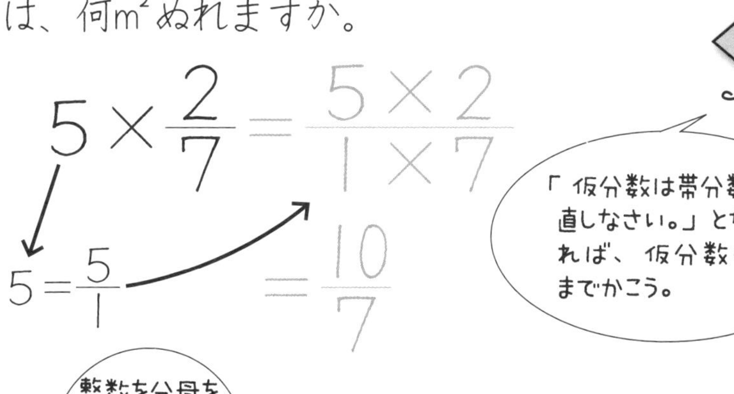

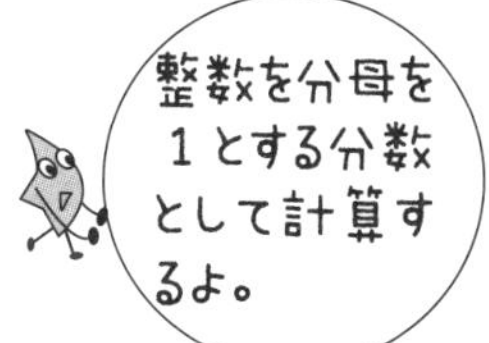

答え　m²

2　1分で4Lの水をまくホースがあります。$\frac{2}{5}$分では、何Lまけますか。

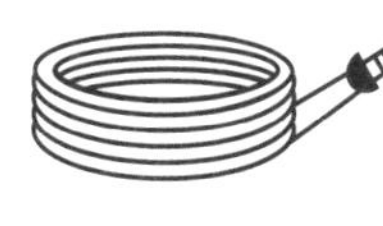

$$4\times\frac{2}{5}=\frac{4\times2}{1\times5}$$

$$4=\frac{4}{1}$$

$$=\frac{8}{5}$$

答え　L

18 分数のかけ算 ②

月　日

1　姉さんは、1時間に4kmの速さで歩いています。

$\frac{3}{4}$時間歩くと、何km進みますか。

$$4 \times \frac{3}{4} = \frac{\overset{1}{\cancel{4}} \times 3}{1 \times \underset{1}{\cancel{4}}} = \frac{3}{1} = 3$$

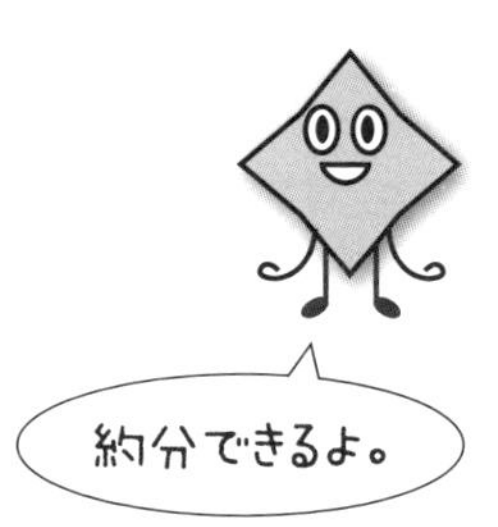

答え　　km

2　なたね油が2Lあります。この$\frac{3}{4}$を別の容器に移します。移すのは何Lですか。

$$2 \times \frac{3}{4} = \frac{\overset{1}{\cancel{2}} \times \square}{\square \times \underset{2}{\cancel{4}}} = \frac{3}{2}$$

答え　　L

月　日

1　1mの重さが$\frac{1}{4}$kgの針金(はりがね)があります。$\frac{3}{5}$mの重さは何kgですか。

$$\frac{1}{4}\times\frac{3}{5}=\frac{1\times3}{4\times5}$$

$$=\frac{3}{20}$$

答え　$\frac{\quad}{\quad}$kg

2　1分で$\frac{4}{5}$m進むかたつむりは、$\frac{4}{3}$分で何m進みますか。

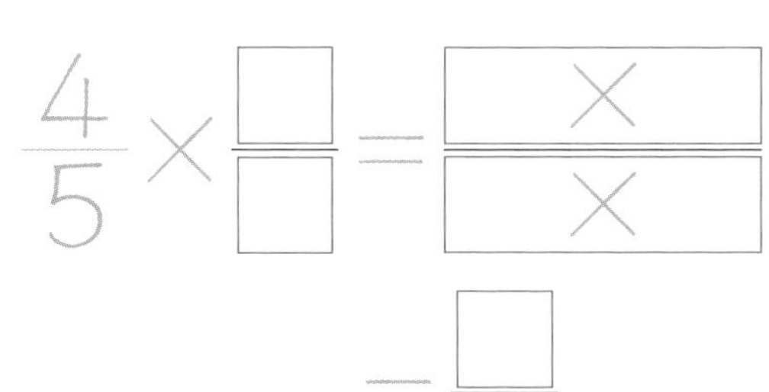

答え　$\frac{\quad}{\quad}$m

20 

月　日

1　しょうゆが$\frac{4}{5}$Lあります。この$\frac{3}{4}$を料理で使います。使うのは何Lですか。

$$\frac{4}{5}\times\frac{3}{4}=\frac{\overset{1}{\cancel{4}}\times 3}{5\times\underset{1}{\cancel{4}}}$$

$$=\frac{3}{5}$$

答え　$\frac{\quad}{\quad}$L

2　1dLのペンキで$\frac{5}{6}$m²のかべがぬれます。$\frac{3}{4}$dLでは、何m²ぬれますか。

$$\frac{5}{6}\times\frac{3}{4}=\frac{\square\times\overset{1}{\cancel{3}}}{\underset{2}{\cancel{6}}\times\square}$$

$$=\frac{\square}{\square}$$

答え　$\frac{\quad}{\quad}$m²

月　日

1　1分に$\frac{5}{6}$m進むかたつむりは、$3\frac{9}{10}$分では、何m進めますか。答えは帯分数で答えましょう。

$$\frac{5}{6}\times3\frac{9}{10}=\frac{\overset{1}{\cancel{5}}\times\square}{\square\times\underset{2}{\cancel{10}}}$$

$$=\frac{\square}{\square}=\square\frac{\square}{\square}$$

答え　　　m

2　1dLのペンキで$1\frac{1}{15}$m²の板がぬれます。

$1\frac{1}{8}$dLでは、何m²の板がぬれますか。

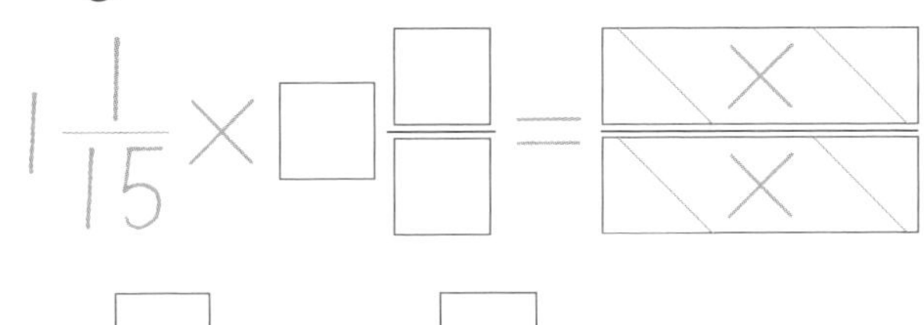

$$1\frac{1}{15}\times\square\frac{\square}{\square}=\frac{\square\times\square}{\square\times\square}$$

答えは帯分数にして答えよう。

$$=\frac{\square}{\square}=\square\frac{\square}{\square}$$

答え　　　m²

22 分数のかけ算 ⑥

月　日

1 縦（たて）$\frac{20}{9}$m、横$\frac{15}{8}$mの長方形の花だんがあります。

花だんの面積は何m²ですか。

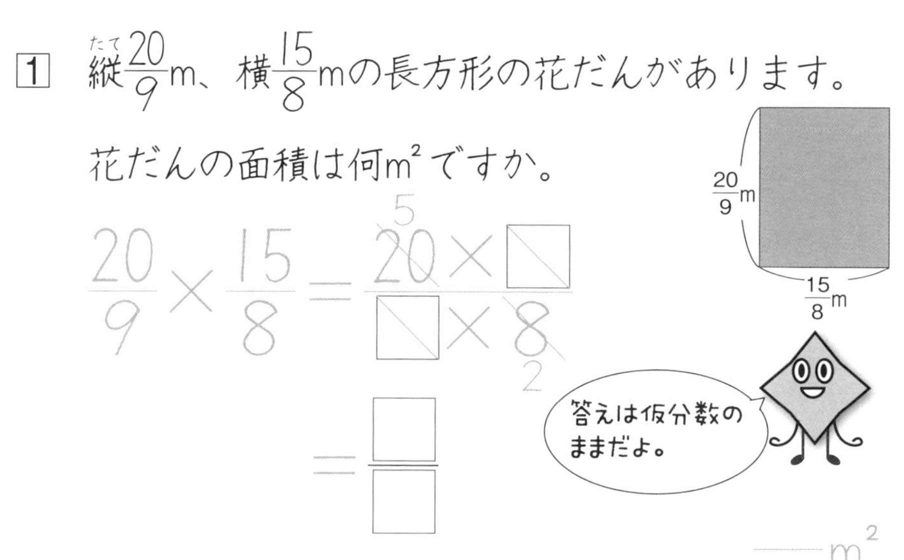

$$\frac{20}{9}\times\frac{15}{8}=\frac{\overset{5}{\cancel{20}}\times\square}{\square\times\underset{2}{\cancel{8}}}$$

$$=\frac{\square}{\square}$$

答え　　　m²

2 縦（たて）$\frac{28}{15}$m、横$\frac{25}{8}$mの長方形の池があります。

池の面積は何m²ですか。

$\frac{25}{8}$m

$\frac{28}{15}$m

答えは仮分数のままだよ。

$$\frac{28}{15}\times\frac{\square}{\square}=\frac{\square\times\square}{\square\times\square}$$

$$=\frac{\square}{\square}$$

答え　　　m²

月　日

1　コップにジュースを$\frac{1}{5}$Lずつ入れます。3Lのジュースを全部入れるには、コップは何個いりますか。

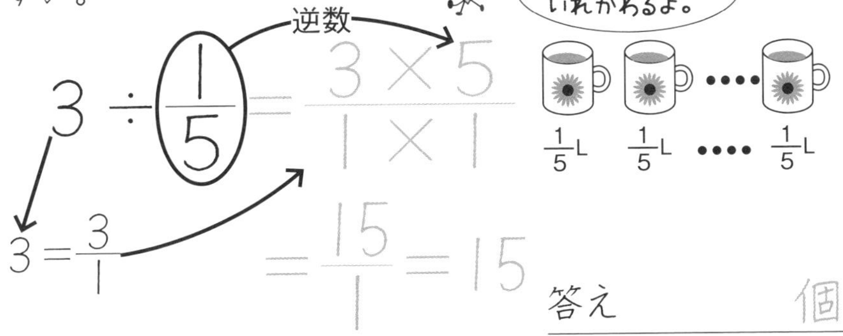

答え　　　　個

2　小麦粉が4kgあります。これを$\frac{1}{4}$kgずつふくろに入れていくと、何ふくろできますか。

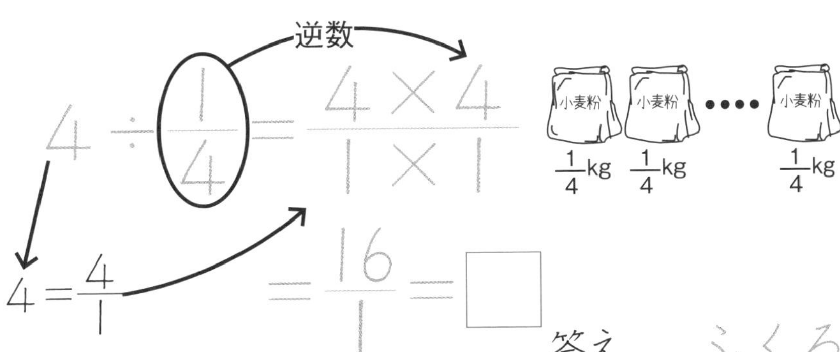

答え　　　　ふくろ

24 分数のわり算 ②

月　日

1　油が3Lあります。この油を$\frac{3}{5}$Lずつびんに入れます。3Lの油を全部入れるには、びんは何本いりますか。

$$3 \div \frac{3}{5} = \frac{\overset{1}{\cancel{3}} \times \square}{\square \times \underset{1}{\cancel{3}}} = \frac{\square}{1} = \square$$

油 油 …… 油
$\frac{3}{5}$L $\frac{3}{5}$L $\frac{3}{5}$L

答え　　　本

2　米が4kgあります。これを$\frac{4}{5}$kgずつふくろに入れていくと、何ふくろできますか。

$$4 \div \frac{4}{5} = \frac{\overset{1}{\cancel{4}} \times \square}{\square \times \underset{1}{\cancel{4}}} = \frac{\square}{\square} = \square$$

米 米 …… 米
$\frac{4}{5}$kg $\frac{4}{5}$kg $\frac{4}{5}$kg

答え　　　ふくろ

月　日

1 重さが$\frac{5}{7}$kgの鉄パイプの長さは、$\frac{3}{4}$mです。

この鉄パイプ1mの重さは何kgですか。

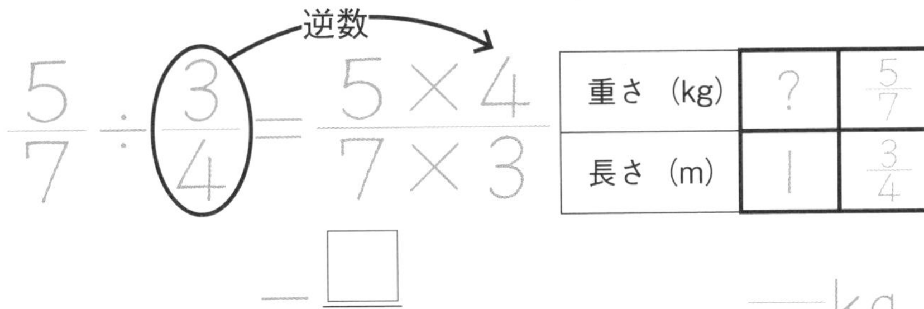

重さ（kg）	？	$\frac{5}{7}$
長さ（m）	1	$\frac{3}{4}$

$= \frac{\square}{21}$

答え　―kg

2 $\frac{8}{7}$m²の畑の草取りをすると、$\frac{3}{5}$時間かかりました。1時間では何m²の草を取ることができますか。

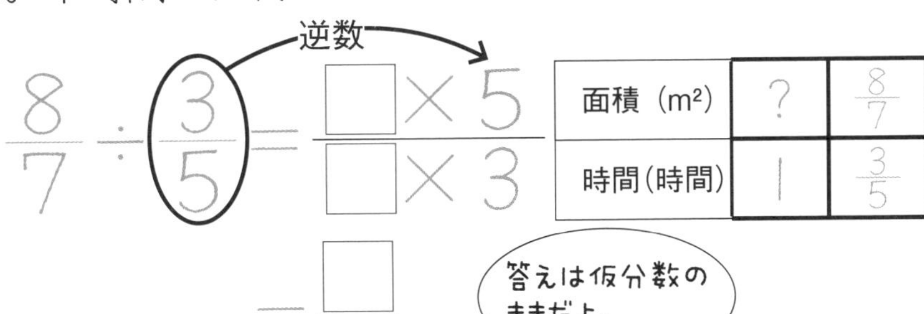

面積（m²）	？	$\frac{8}{7}$
時間（時間）	1	$\frac{3}{5}$

$= \frac{\square}{\square}$

答えは仮分数のままだよ。

答え　―m²

26

月　日

1　ペンキ$\frac{5}{6}$dLで、$\frac{3}{4}$m²のへいがぬれます。

このペンキ１dLでは、何m²のへいがぬれますか。

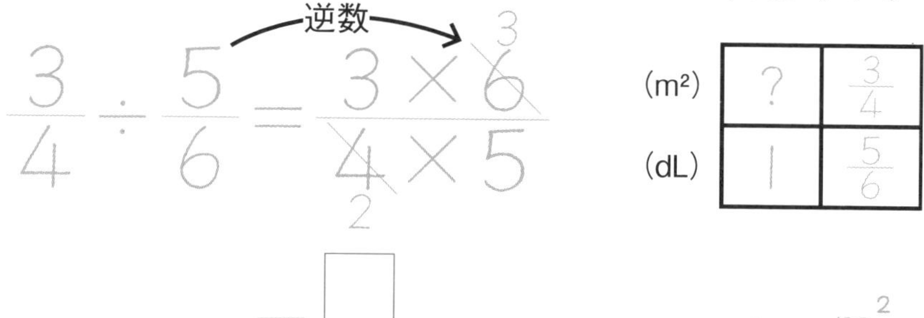

答え　　　　m²

2　砂糖（さとう）が$\frac{5}{6}$Lあります。重さは$\frac{4}{3}$kgです。

この砂糖１Lの重さは、何kgですか。

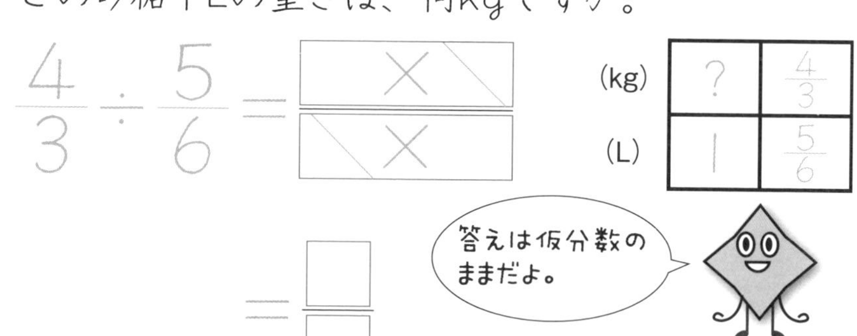

答え　　　　kg

月　日

1 セメント$\frac{7}{6}$Lの重さは、$\frac{14}{3}$kgです。

このセメント１Lの重さは、何kgですか。

$$\frac{14}{3} \div \frac{7}{6} = \frac{\overset{2}{\cancel{14}} \times \overset{2}{\cancel{6}}}{\underset{1}{\cancel{3}} \times \underset{1}{\cancel{7}}}$$

(kg)	?	$\frac{14}{3}$
(L)	1	$\frac{7}{6}$

$$= \frac{4}{1} = \square$$

答え　　　kg

2 $\frac{14}{3}$Lのはちみつを、$\frac{7}{9}$Lずつ容器に入れます。

全部入れるには、容器は何個いりますか。

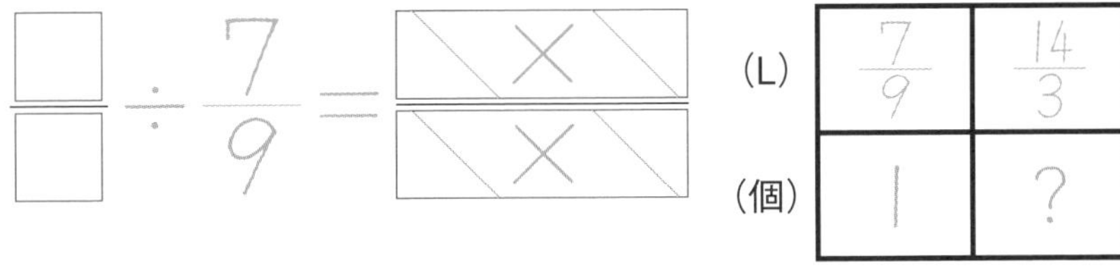

$$\frac{\square}{\square} \div \frac{7}{9} = \frac{\square \times \square}{\square \times \square}$$

(L)	$\frac{7}{9}$	$\frac{14}{3}$
(個)	1	?

$$= \frac{\square}{\square} = \square$$

答え　　　個

28 分数のわり算 ⑥

月　日

1　$2\frac{1}{10}m^2$ の長方形の板があります。縦（たて）の長さは $\frac{14}{15}m$ です。横の長さは何mですか。

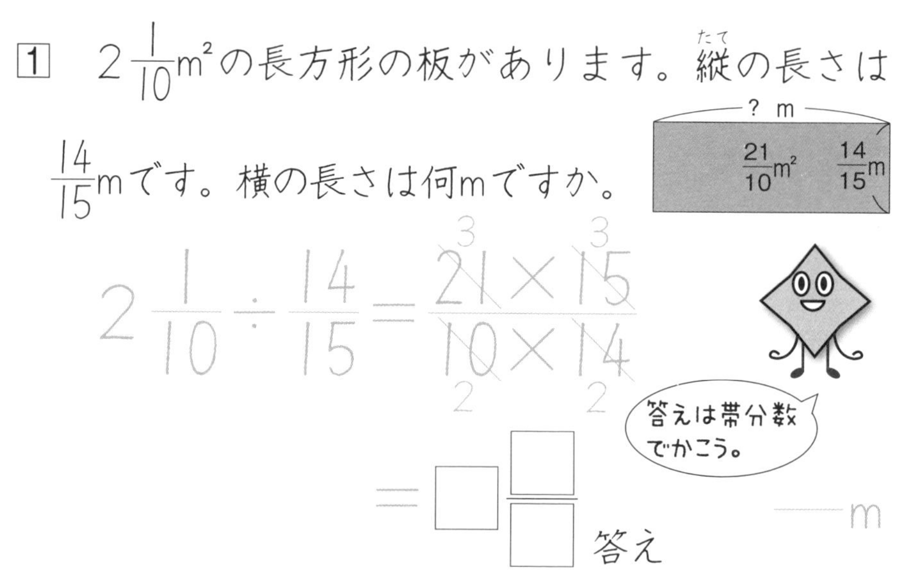

$2\frac{1}{10} \div \frac{14}{15} = \frac{\overset{3}{\cancel{21}} \times \overset{3}{\cancel{15}}}{\underset{2}{\cancel{10}} \times \underset{2}{\cancel{14}}}$

$= \square\frac{\square}{\square}$

答え ＿＿ m

2　$1\frac{1}{9}m^2$ の長方形の紙があります。縦の長さは $\frac{8}{15}m$ です。横の長さは何mですか。

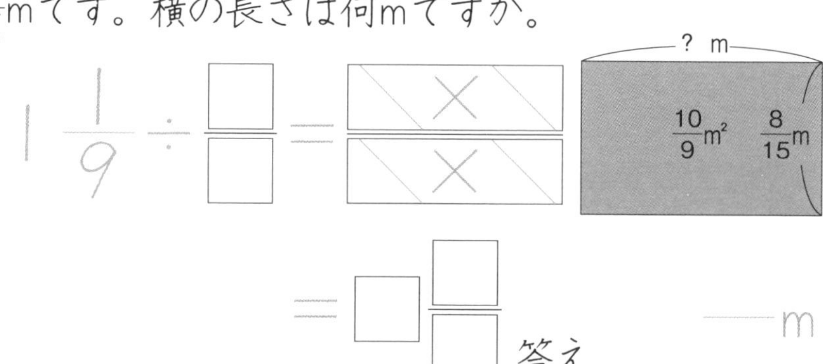

$1\frac{1}{9} \div \frac{\square}{\square} = \frac{\square \times \square}{\square \times \square}$

$= \square\frac{\square}{\square}$

答え ＿＿ m

29 分数と小数のかけ算・わり算 ①

❀ 1つの式に表して答えを求めましょう。

1 Aさんの土地は、たて$\frac{3}{5}$km、横$\frac{7}{9}$kmです。

Bさんの土地は、Aさんの土地の0.6倍です。

Bさんの土地は何km^2ですか。

式 $\frac{3}{5}\times\frac{7}{9}\times0.6=\frac{\overset{1}{\cancel{3}}\times7\times\overset{2}{\cancel{6}}}{5\times\underset{3}{\cancel{9}}\times\underset{5}{\cancel{10}}}$

$=\frac{\square}{\square}$

答え ＿＿＿ km^2

2 たて$\frac{3}{4}$m、横0.8m、高さ$\frac{5}{6}$mの直方体の体積は何m^3ですか。

式 $\frac{3}{4}\times0.8\times\frac{5}{6}=\frac{\square\times\square\times\square}{\square\times\square\times\square}$

$=\frac{\square}{\square}$

答え ＿＿＿ m^3

30 分数と小数のかけ算・わり算  月 日

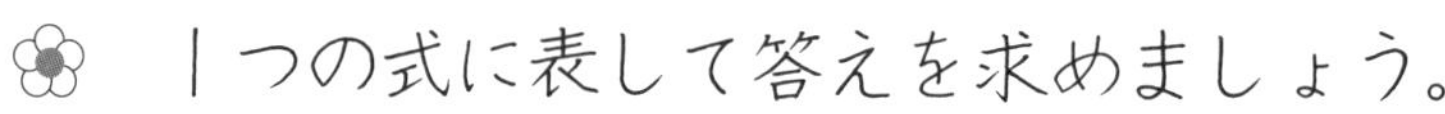

❀ 1つの式に表して答えを求めましょう。

1 Aさんは、$20\frac{1}{2}$kmの道のりを時速4.5kmで歩きます。Aさんのかかった時間は、Bさんの$\frac{4}{9}$倍にあたります。Bさんのかかった時間は何時間ですか。

式 $20\frac{1}{2} \div 4.5 \div \frac{4}{9} = \frac{41 \times 10 \times 9}{2 \times 45 \times 4}$

$= \frac{41}{4} = 10\frac{1}{4}$

答え 時間

2 体積が$17\frac{1}{2}$cm³の直方体は、たて$3\frac{1}{3}$cm、横0.9cmです。高さは何cmですか。

式 $17\frac{1}{2} \div 3\frac{1}{3} \div 0.9 = \frac{\square \times \square \times \square}{\square \times \square \times \square}$

$= \frac{\square}{\square} = \square\frac{\square}{\square}$

答え cm

31 分数と小数のかけ算・わり算 ③

月　日

❀ 1つの式に表して答えを求めましょう。

1　Aさんの花だんは、たて$4\frac{1}{2}$m、横$5\frac{1}{9}$mの長方形で、Bさんの花だんの0.4倍にあたります。Bさんの花だんの面積は何m²ですか。

式　$4\frac{1}{2}\times5\frac{1}{9}\div0.4=\frac{\overset{1}{\cancel{9}}\times\overset{23}{\cancel{46}}\times\overset{5}{\cancel{10}}}{\underset{1}{\cancel{2}}\times\underset{1}{\cancel{9}}\times\underset{2}{\cancel{4}}}$

$=\frac{115}{2}=57\frac{1}{2}$

答え　　　　m²

2　Cさんは、1時間に$3\frac{1}{3}$m²のかべにペンキをぬります。Cさんが2.4時間かかってぬれる広さは、Dさんのぬれる広さの$\frac{4}{5}$倍にあたります。Dさんが1時間でぬれる広さは何m²ですか。

式　$3\frac{1}{3}\times2.4\div\frac{4}{5}=\frac{\square\times\square\times\square}{\square\times\square\times\square}$

$=\square$

答え　　　　m²

❀ 1つの式に表して答えを求めましょう。

1 $8\frac{1}{3}$kmの道のりを、時速$4\frac{1}{6}$kmで歩くAさんの1.2倍の時間でBさんは歩きます。Bさんは同じ道のりを何時間で歩きましたか。

式 $8\frac{1}{3} \div 4\frac{1}{6} \times 1.2 = \frac{\overset{1}{\cancel{25}} \times \overset{2}{\cancel{6}} \times \overset{6}{\cancel{12}}}{\underset{1}{\cancel{3}} \times \underset{1}{\cancel{25}} \times \underset{5}{\cancel{10}}}$

$= \frac{12}{5} = 2\frac{2}{5}$

答え 時間

2 0.3m²の板をぬるのに、ペンキを$\frac{3}{5}$dL使います。$\frac{7}{9}$m²の板をぬるには、何dLのペンキが必要ですか。

式 $0.3 \div \frac{3}{5} \times \frac{7}{9} = \frac{\square \times \square \times \square}{\square \times \square \times \square}$

$= \frac{\square}{\square}$

答え dL

33 比の問題 ①

月　日

1 白いリボンが4m、赤いリボンが5mあります。
白いリボンと赤いリボンの長さの比を求めましょう。

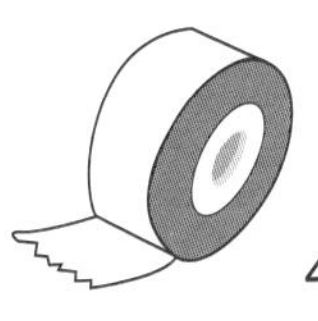

4m：5m

4：5

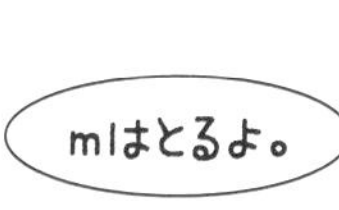

答え　　：

2 男子11人、女子16人がドッジボールをしています。
男子と女子の人数の比を求めましょう。

11：16

答え　　：

34 比の問題 ②

月　日

1　縦（たて）が６m、横が８mの長方形の花だんがあります。縦と横の比を、簡単（かんたん）な比で表しましょう。

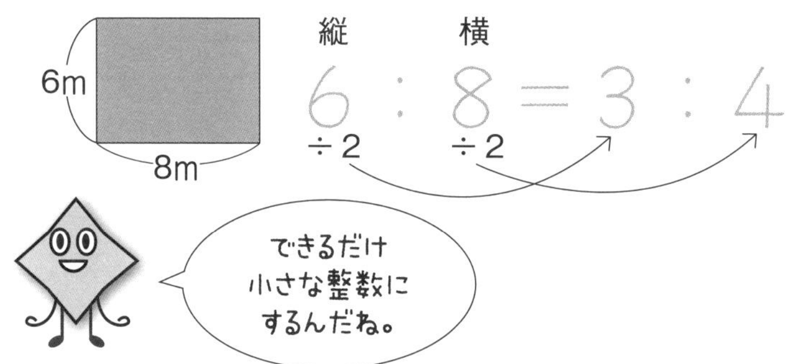

答え　　：

2　女子25人、男子15人がジョギングをしています。
女子と男子の人数の比を、簡単な比で表しましょう。

25人　　15人

÷5　÷5

25 : 15 = □ : □

答え　　：

35 比の問題 ③

月　日

1　等しい比になるように□に数をかきましょう。

① 3 ： 5 ＝ 6 ： □

② 5 ： 4 ＝ 15 ： □

③ 5 ： 7 ＝ □ ： 14

④ 12 ： 21 ＝ 4 ： □

⑤ 20 ： 24 ＝ □ ： 6

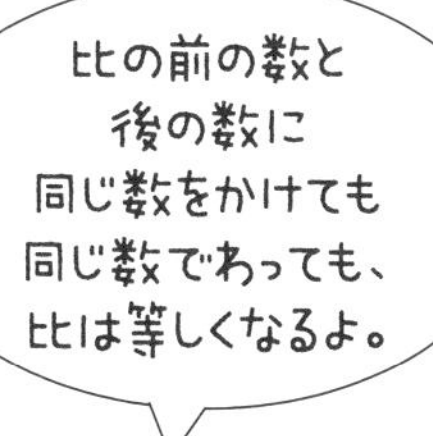

2　長方形の広場があります。広場の縦（たて）と横の長さの比は3 ： 4です。

縦は15mです。横は何mですか。

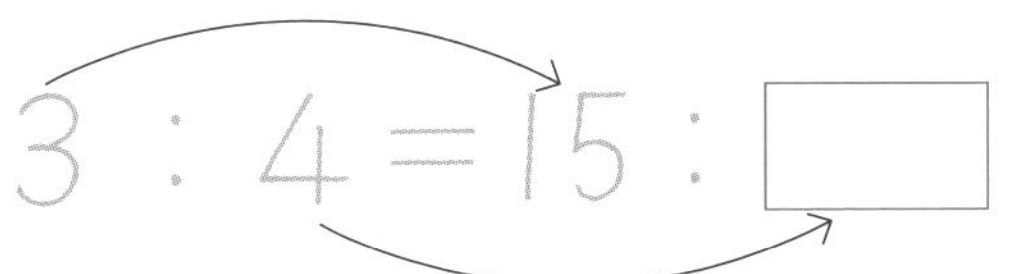

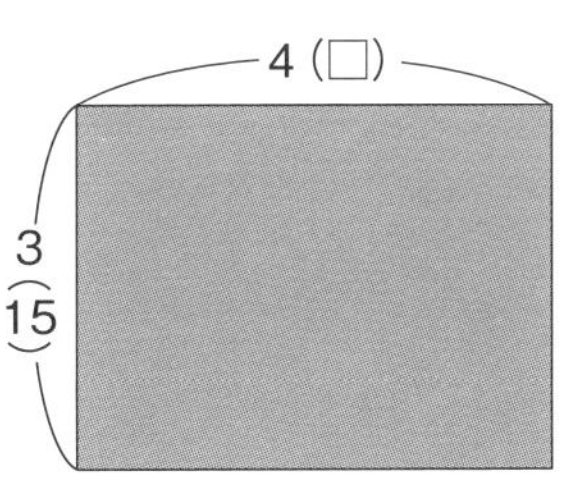

15は 3 の何倍かな？
5 倍になるよ。

答え　　　　m

36 比の問題 ④

月　日

1 黄色と緑色の色紙があります。黄色と緑色の色紙の枚数（まいすう）の比は5：6です。

黄色は45枚です。緑色は何枚ですか。

黄色 ： 緑色

5：6＝45：□

答え　枚

2 長方形の旗を作ります。旗の縦（たて）と横の長さの比は、2：3です。

横を75cmにすると、縦は何cmですか。

縦 ： 横

2：3＝□：75

答え　cm

37 比の問題 ⑤

月　日

1　長さ80cmのリボンを、長さの比が5：3になるように、姉と妹で分けます。それぞれ何cmですか。

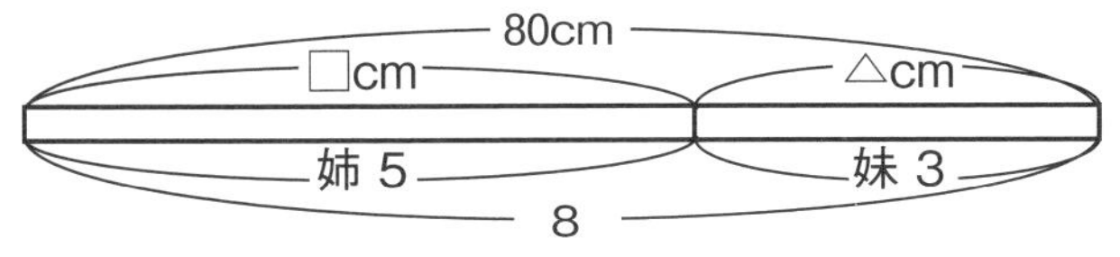

8：5＝80：□

80－□＝□

答え　姉　　cm、妹　　cm

2　長さ70mのロープを、長さの比が4：3になるように、兄と弟で分けます。それぞれ何mですか。

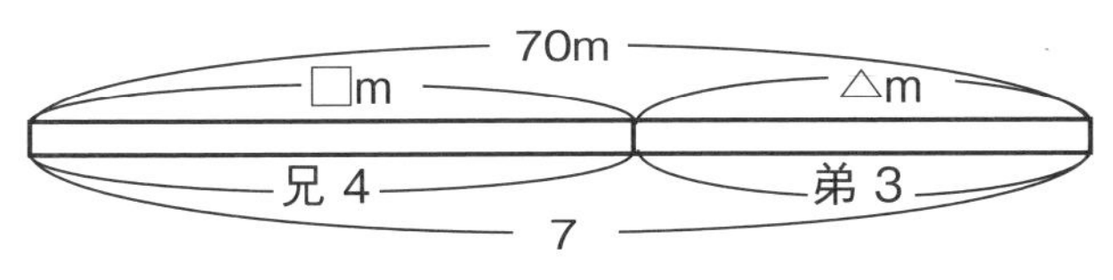

7：4＝70：□

70－□＝□

答え　兄　　m、弟　　m

38 比の問題 ⑥

月　日

1　36Lの灯油を、５：４になるようにＡとＢの容器に入れます。Ａ、Ｂそれぞれ何Lですか。

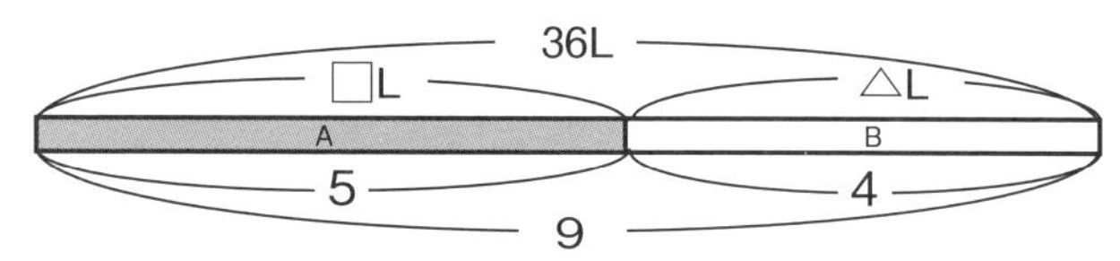

９：５＝36：□

36－□＝□

答え　Ａ　　L、Ｂ　　L

2　48kgの小麦粉を、７：５になるようにＡとＢのふくろに入れます。Ａ、Ｂそれぞれ何kgですか。

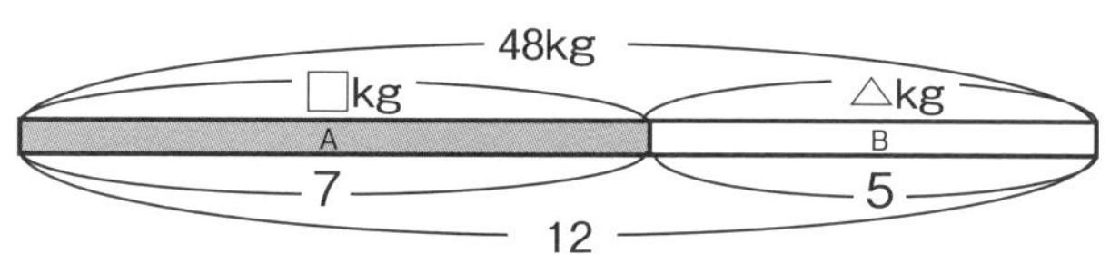

12：７＝48：□

48－□＝□

答え　Ａ　　kg、Ｂ　　kg

39 比例の問題 ①

月　日

1　水道の水を水そうに入れると、水は1分で5cm増(ふ)えます。下の表のとおりです。

時　間（分）	1	2	3	4	5	6	7
水の深さ（cm）	5	10	15	20	25	30	35

表を見て答えましょう。

① 4分後の水の深さは何cmですか。

答え　　　cm

② 水の深さは時間の何倍ですか。

答え　　　倍

2　水道の水を水そうに入れると、水は1分で3cm増えます。下の表のとおりです。

時　間（分）	1	2	3	4	5	6	7	8
水の深さ（cm）	3	6	9	12	15	18	21	24

表を見て答えましょう。

① 5分後の水の深さは何cmですか。

答え　　　cm

② 水の深さが18cmなのは何分後ですか。

答え　　　分後

40 比例の問題 ②

月　日

1　針金(はりがね)の長さと重さの関係は、下の表のとおりです。

長さ（m）	1	2	3	4		6		8
重さ（g）	？	20	30		50		70	80

表を見て答えましょう。

① 針金2mの重さは何gですか。

答え　　　　g

② 針金1mの重さは何gですか。

重さは、長さの何倍になっているかな。

答え　　　　g

③ 表のあいているところに数字をかきましょう。

2　針金の長さと重さの関係は、下の表のとおりです。

長さ（m）	1	2	3	4	5	6		8
重さ（g）			60	80	100		140	

表を見て答えましょう。

① 重さは、長さの何倍ですか。

答え　　　　倍

② 表のあいているところに数字をかきましょう。

41 比例の問題 ③

月　　日

1　水道から水が、5分で30L出ます。この水道を20分出すと、水は何Lでますか。

時　間　(分)	5	20
水の量　(L)	30	□

→

	4倍 →	
(分)	5	20
(L)	30	?
	○倍 →	

20 ÷ 5 ＝ 4

30 × 4 ＝ □

時間と水の量は比例しているよ。

答え　　　　L

2　ガソリン2Lで30km走る自動車は、ガソリン12Lで何km走りますか。

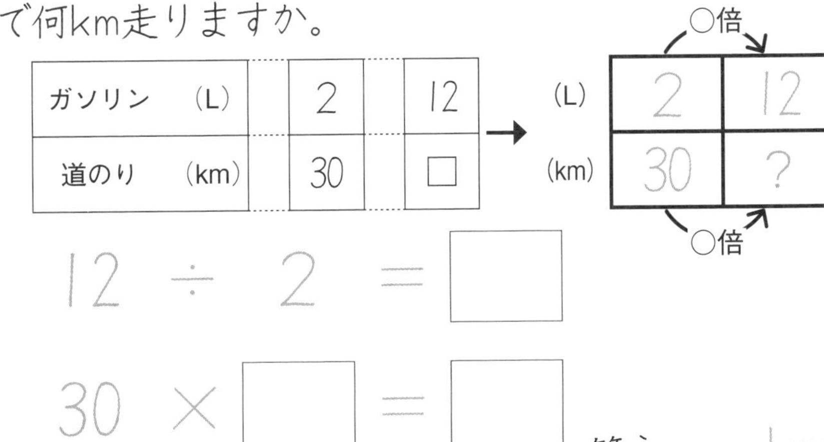

ガソリン　(L)	2	12
道のり　(km)	30	□

→

	○倍 →	
(L)	2	12
(km)	30	?
	○倍 →	

12 ÷ 2 ＝ □

30 × □ ＝ □

答え　　　　km

月　日

1　針金（はりがね）2mの重さは16gです。
この針金20mの重さは何gですか。

針金　(m)	2	20
重さ　(g)	16	?

20 ÷ □ = □

16 × □ = □

答え　　　g

2　10本の重さが15gのくぎがあります。
このくぎ70本の重さは何gですか。

くぎ　(本)	10	70
重さ　(g)	15	?

答え　　　g

43 比例の問題 ⑤

月　日

1　3枚(まい)80円の画用紙があります。

24枚買うと、代金は何円ですか。

画用紙（枚）		3		24
代　金（円）		80		□

→

	○倍→	
（枚）	3	24
（円）	80	?
	○倍→	

24 ÷ 3 ＝ 8

80 × 8 ＝ □

答え　　　円

2　4Lのガソリンで、35km走る自動車があります。

この自動車は、24Lのガソリンで何km走りますか。

ガソリン　（L）	4	24
道のり　（km）	35	?

24 ÷ □ ＝ □

□ × □ ＝ □

答え　　　km

44 比例の問題 ⑥

月　　日

1　4mで120円のリボンがあります。
このリボン15mは何円ですか。

リボン　(m)	4	15
値段（ねだん）　(円)	120	?

120 ÷ □ = □

□ × □ = □

リボン1mの値段だよ。

答え　　　　円

2　5mで重さ200gの針金（はりがね）があります。
この針金13mの重さは何gですか。

針金　(m)	5	13
重さ　(g)	200	?

□ ÷ 5 = □

□ × □ = □

答え　　　　g

45 比例の問題 ⑦

月　日

1　3mの重さが24gの針金（はりがね）があります。
この針金80gでは、長さは何mになりますか。

長　さ（m）		3		□	
重　さ（g）		24		80	

→

(m)	3	?
(g)	24	80

24 ÷ 3 ＝ 8

80 ÷ 8 ＝ □

答え　　　m

2　3mの重さが21gの針金があります。
この針金140gでは、長さは何mになりますか。

長　さ（m）		3		□	
重　さ（g）		21		140	

→

(m)	3	?
(g)	21	140

21 ÷ 3 ＝ 7

140 ÷ □ ＝ □

答え　　　m

46 比例の問題 ⑧

月　日

1　ハトは、60mを２秒で飛びます。
このハトは、750mを何秒で飛びますか。

時　間　（秒）	2	?
道のり　（m）	60	750

60 ÷ □ ＝ □

ハトの秒速を出すよ。

□ ÷ □ ＝ □

答え　　　秒

2　新幹線ひかり号は、４秒で240m走ります。
ひかり号は、900m進むのに何秒かかりますか。

時　間　（秒）	4	?
道のり　（m）	240	900

□ ÷ 4 ＝ □

新幹線の秒速を出すよ。

□ ÷ □ ＝ □

答え　　　秒

47 反比例の問題 ①

月　日

1　面積が6m²の長方形の縦（たて）と横の関係を調べましょう。表のあいているところに、数をかきましょう。

縦 xm		横 ym		面積 6m²
1	×	6	＝	6
2	×	3	＝	6
3	×	2	＝	6
6	×	1	＝	6

$x \times y = 6$
または
$y = 6 \div x$
で表されるよ。

縦 x（m）	1	2	3		6
横 y（m）					

2　面積が12m²の長方形の縦と横の関係を調べましょう。表のあいているところに、数をかきましょう。

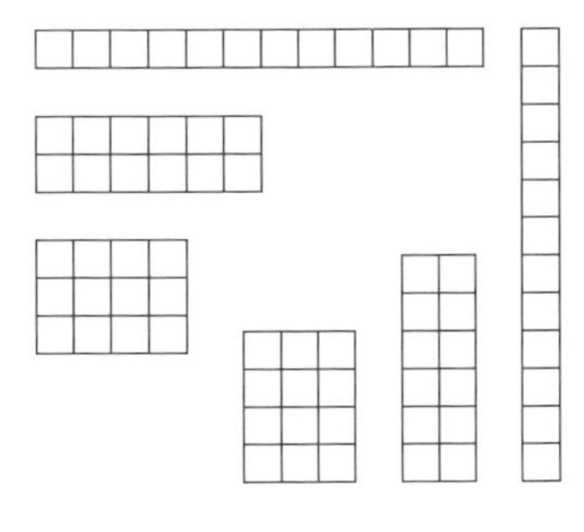

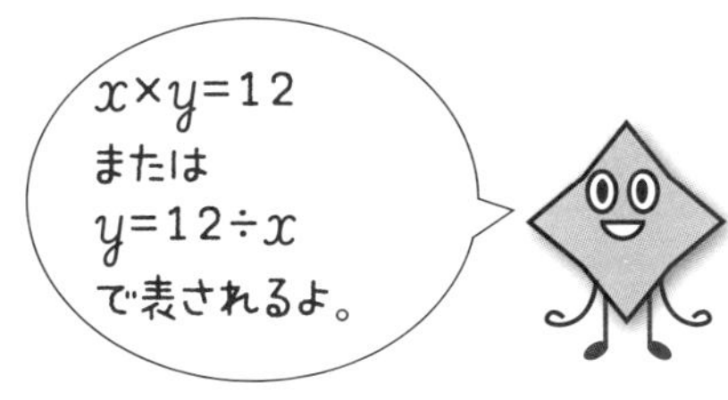

縦 x（m）	1	2	3	4		6		12
横 y（m）	12							

48 反比例の問題 ②

月　日

1 面積が16m²の長方形の縦と横の関係を調べましょう。
表のあいているところに、数をかきましょう。

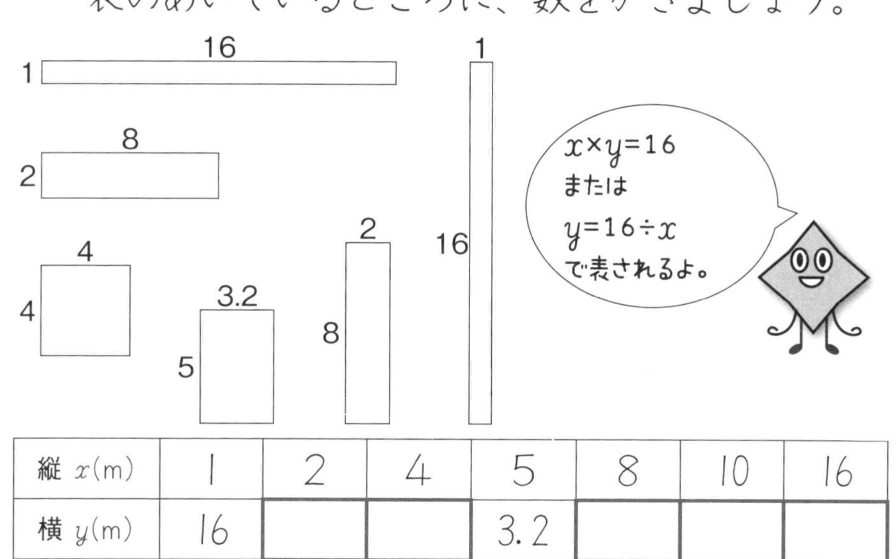

縦 x(m)	1	2	4	5	8	10	16
横 y(m)	16			3.2			

2 面積が18m²の長方形の縦と横の関係を調べましょう。
表のあいているところに、数をかきましょう。

縦 x(m)	1	2	3	4	5	6	8	9	10	16	18
横 y(m)			6	4.5	3.6		2.25			1.125	1

49 反比例の問題 ③

月　日

1　1人で働くと、24日かかる仕事があります。
この仕事をx人ですると、y日かかります。

① xとyの関係を式に表しましょう。

$x \times y = \boxed{24}$

② ①の式を使い、この仕事を4人ですると何日かかるかを求めましょう。

$24 \div 4 = \boxed{}$

答え　　　日

2　1人で働くと、30日かかる仕事があります。
この仕事をx人ですると、y日かかります。

① xとyの関係を式に表しましょう。

$x \times y = \boxed{}$

② 10日で仕上げるには、何人いりますか。

$30 \div \boxed{} = \boxed{}$

答え　　　人

50 反比例の問題 ④

月　日

1　トラック1台で、48時間かかる仕事があります。この仕事をx台でするとy時間かかります。

① xとyの関係を式に表しましょう。

□ × y ＝ □

② トラック4台では何時間かかりますか。

□ ÷ □ ＝ □

答え　　時間

2　60mの針金（はりがね）をx等分すると、1本の長さはymです。

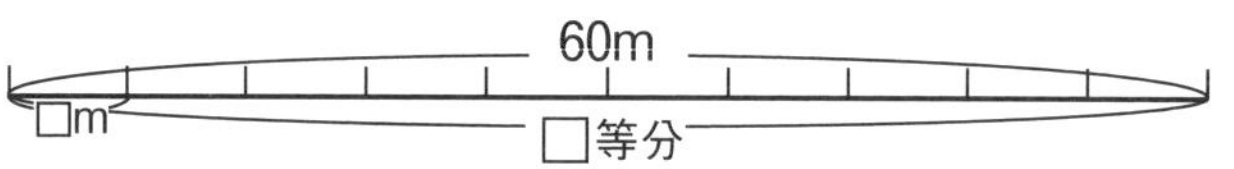

① 10等分すると何mですか。

式

答え　　m

② 3mずつにすると何本とれますか。

式

答え　　本

51 反比例の問題 ⑤

月　日

1　縦(たて)4cm、横6cmの長方形があります。同じ面積の長方形で、縦3cmなら横は何cmですか。

4 × 6 ＝ 24

24 ÷ 3 ＝ □

6
4
?
3

答え　　cm

2　1辺が6mの正方形の花だんがあります。同じ面積で、縦9mの長方形の花だんの横は何mですか。

6 × 6 ＝ □

□ ÷ 9 ＝ □

6
9

答え　　m

52 反比例の問題 ⑥

月　日

1　時速48kmでAのバスが2時間かかる道のりを、Bのバスが時速32kmで走ると、何時間かかりますか。

48 × 2 ＝ □

□ ÷ 32 ＝ □

A　○○行き　時速48km

B　○○行き　時速32km

答え　　　時間

2　秒速18mの犬が30秒で走る道のりを、秒速12mの馬は、何秒で走りますか。（電たく使用）

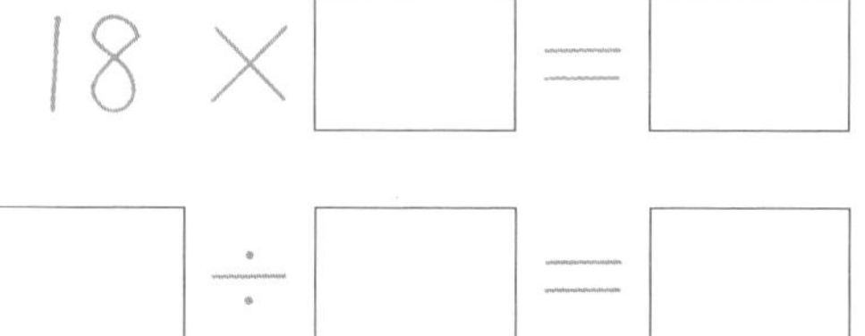

秒速12m

秒速18m

答え　　　秒

53 円の面積 ①

月　日

1　[shaded box] は、何cm^2ですか。円周率は3.14。（電たく使用）

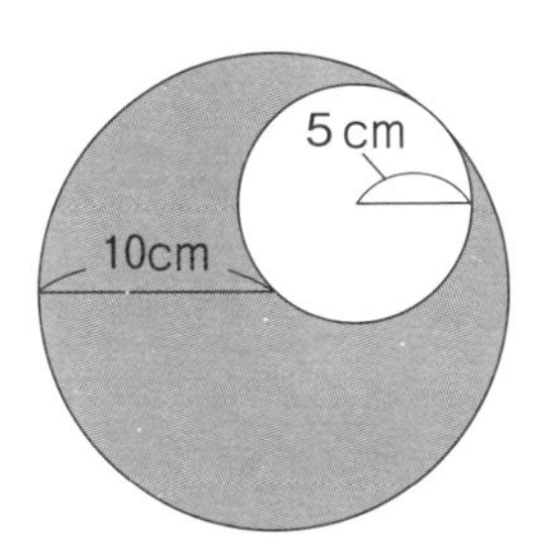

大きい円

10×10×3.14＝314

小さい円

5×5×3.14＝78.5

314－78.5＝□

答え　　　cm^2

2　[shaded box] は、何cm^2ですか。円周率は3.14。（電たく使用）

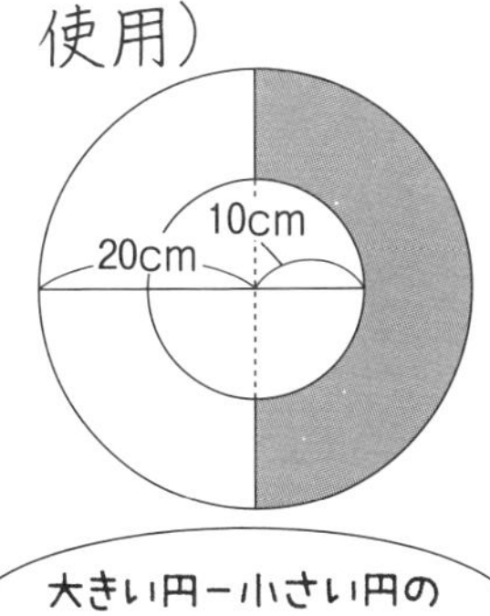

20×20×3.14＝1256

10×10×3.14＝□

1256－314＝□

大きい円ー小さい円の半分と考えるよ。

□÷2＝□

答え　　　cm^2

月　日

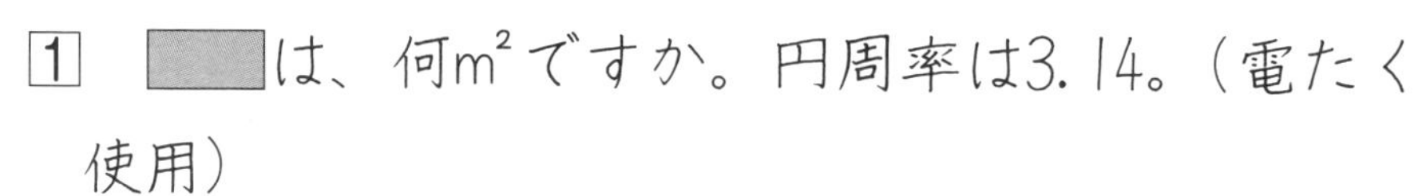

1　は、何m²ですか。円周率は3.14。（電たく使用）

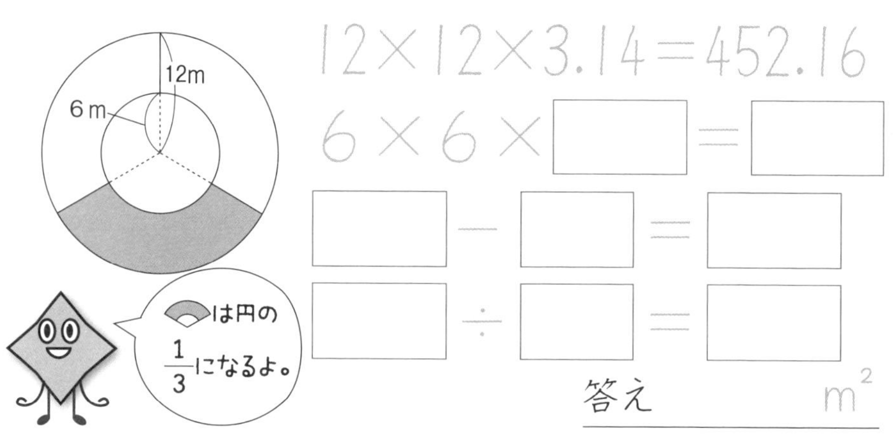

2　は、何m²ですか。円周率は3.14。（電たく使用）

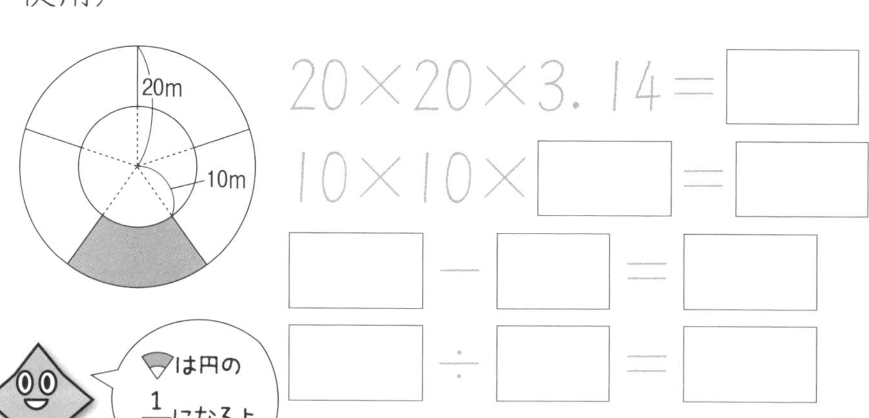

月　日

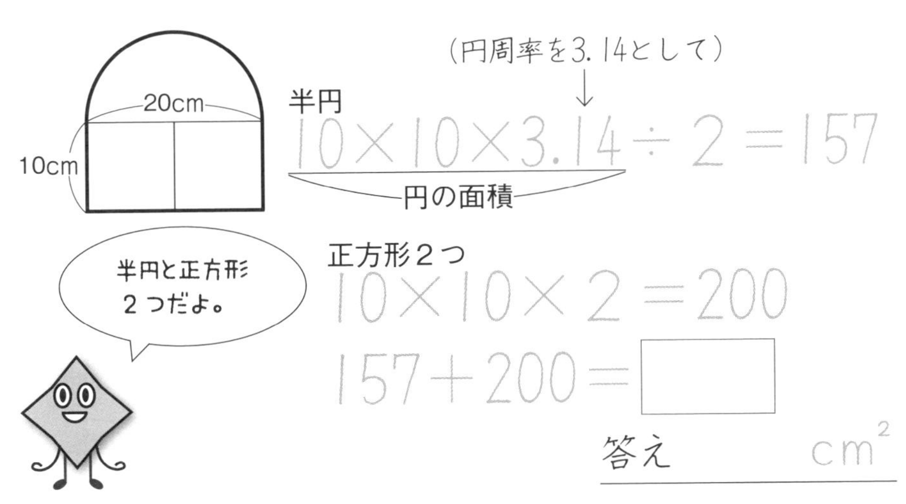

2 太い線で囲まれた図形の面積を求めましょう。

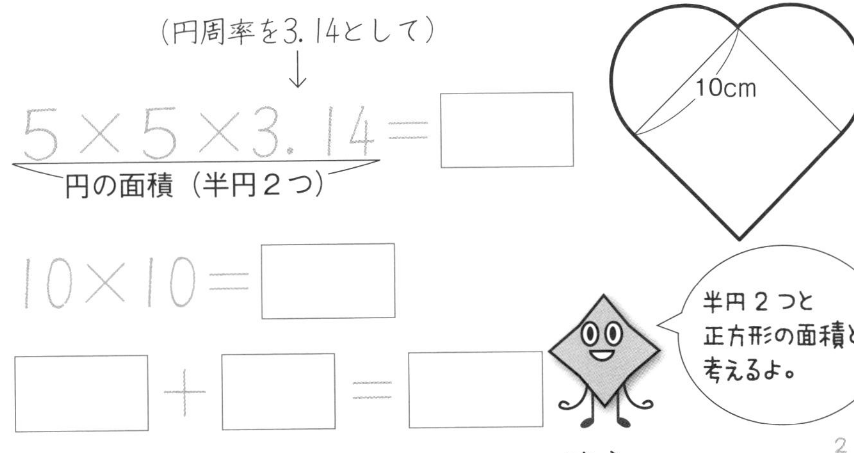

月　日

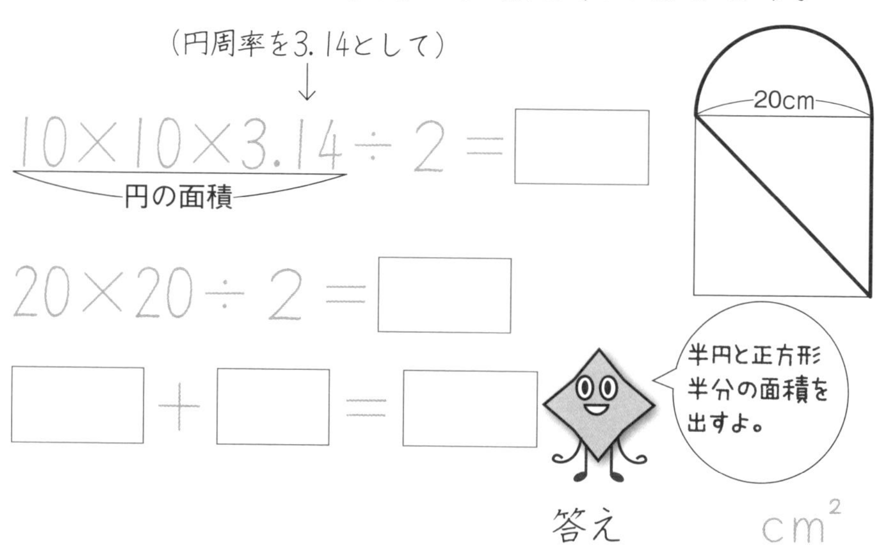

2 太い線で囲まれた図形の面積を求めましょう。

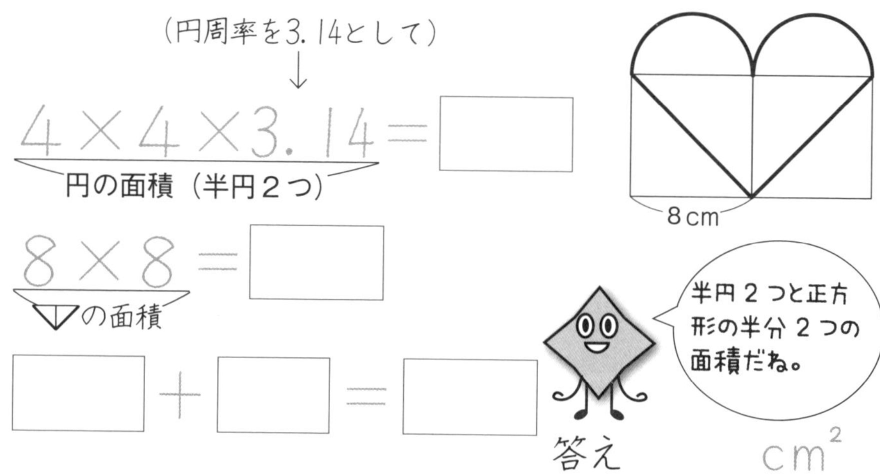

57 場合の数 ①

月　日

1　1 2 3 の3枚のカードを並べて、3けたの整数をつくります。できる3けたの整数をかきましょう。

	百の位	十の位	一の位		百の位	十の位	一の位
1が百の位	1	2	3	．	1	3	2
2が百の位	2	1	3	．	2		
3が百の位		1		．			

落ちや重なりがないように、図をかいて調べよう。

2　A B C の3枚のカードを並べて、3文字をつくります。できる3文字を全部かきましょう。

	1字目	2字目	3字目		1字目	2字目	3字目
1字目はA	A	B	C	．	A	C	
1字目はB	B	A		．	B	C	
1字目はC	C			．			

月　日

1　0.1.2.3を並(なら)べて、4数字の番号をつくります。0が1番目にある4数字の番号をかきましょう。

1番目

0	1	2	3

1番目

0	1	3	

0	2	1	3

0	2		

0	3		

0			

0が1番目にくるのは6通り。1番目にくる数字は4つ。
だから、6×4＝24　全部で24通りできるよ。

2　A．B．C．Dの4字を並べて、4文字をつくります。Aが1字目にある4文字をかきましょう。

1字目

A	B	C	

A		D	

A	C	B	

A		D	

A	D		

A	D		

月　日

1　下の旗に、赤・黄・青をぬります。全部異(こと)なる旗は何通りですか。

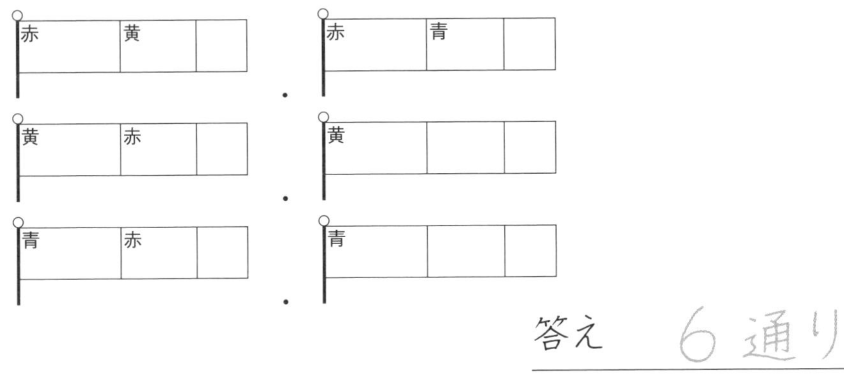

答え　6 通り

2　下の旗に、赤・黄・青をぬります。全部異なる旗は何通りですか。

赤 黄
赤 青
黄 赤
黄
青
青

答え　通り

月　日

1　下の図に、赤・黄・青・緑をぬります。赤が左はしにある模様(もよう)は何通りでしょう。4色全部では何通りでしょう。

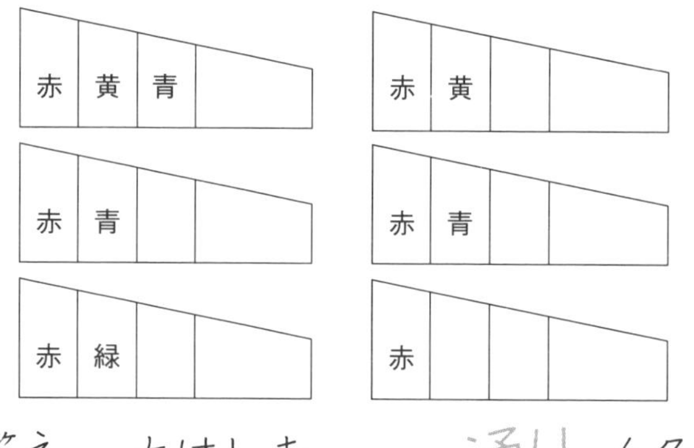

答え　左はし赤　　　　通り，4色全部　　　　通り

2　下の図に、赤・黄・青・緑をぬります。赤が左上にある模様は何通りでしょう。4色全部では何通りでしょう。

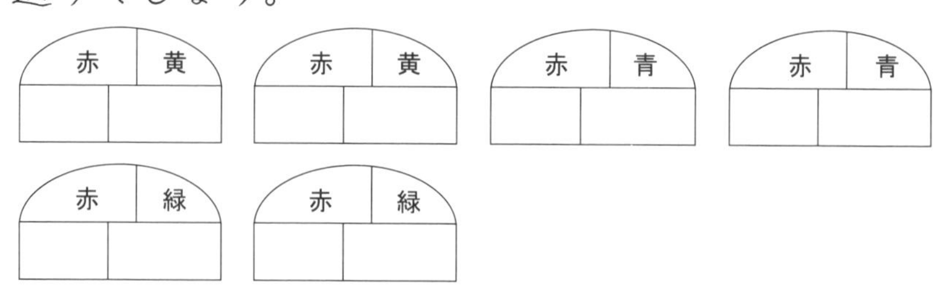

答え　左上赤　　　　通り，4色全部　　　　通り

61 場合の数 ⑤

月　日

1　A．B．C．Dの野球のチームがあります。対戦の組み合わせは、何通りあるでしょう。

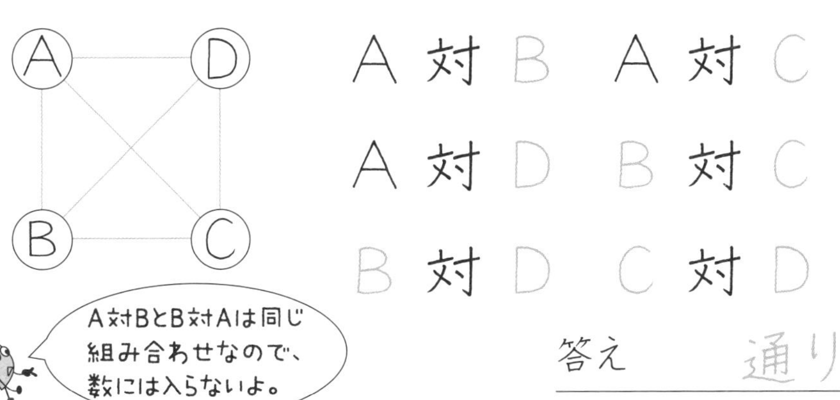

答え　　通り

2　りんご、みかん、なし、かき、バナナから2種類を選ぶ組み合わせは、何通りあるでしょう。

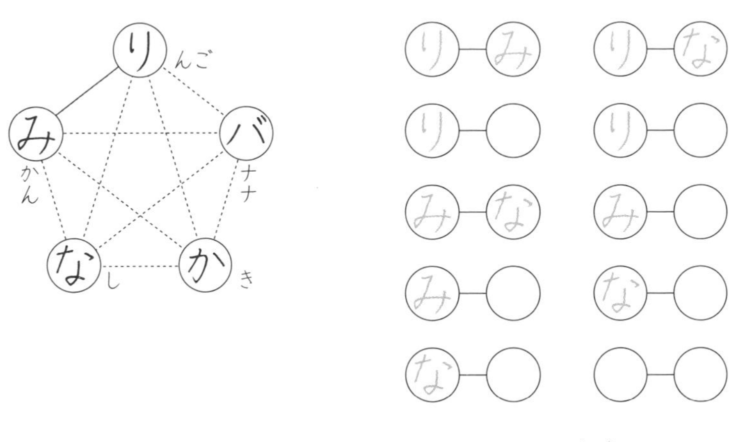

答え　　通り

62 場合の数 ⑥

月　日

1　1円、5円、10円、50円が各1個あります。2個取り出した合計金額を、全部かきましょう。

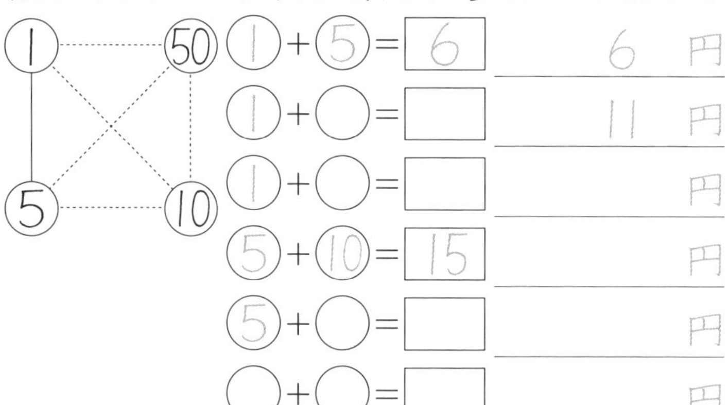

2　1円、5円、10円、50円、100円が各1個あります。2個取り出した合計金額を、全部かきましょう。

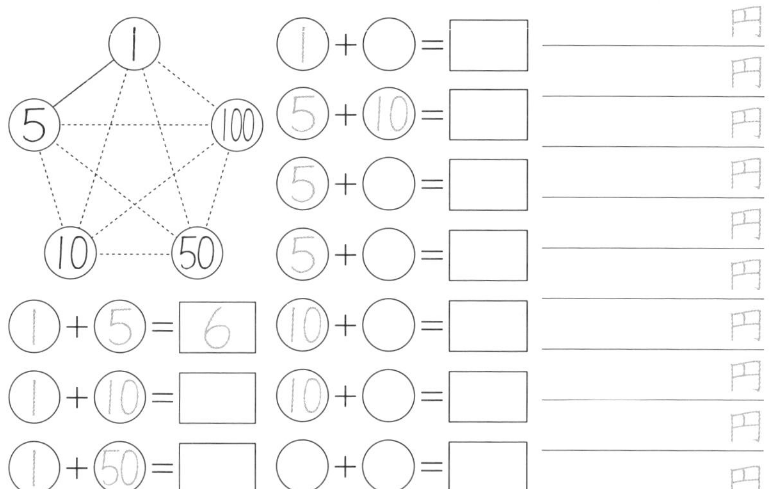

63 資料の整理 ①

月　日

❀ 次の表は、6年生9人の身長の数値（cm）です。

6年生9人の身長（cm）

①	152	②	146	③	150	④	148	⑤	149
⑥	148	⑦	151	⑧	148	⑨	149		

① 平均値を求めましょう。

式 152＋146＋150＋148＋149＋148＋151＋148＋149＝1341

1341÷9＝□

答え　　　　cm

② 全体のちらばりがわかるように、データをドットプロットで表しましょう。

②　　　　　　　　　　　　①

146　147　148　149　150　151　152 (cm)

③ 最ひん値を求めましょう。　（　　　cm）

④ 中央値を求めましょう。　（　　　cm）

月　日

❀ 次の表は、１組の算数テストの点数です。

１組の算数テストの点数

①	②	③	④	⑤	⑥	⑦	⑧	⑨	⑩
80	95	90	100	55	90	100	65	95	80
⑪	⑫	⑬	⑭	⑮	⑯	⑰	⑱	⑲	
90	70	95	75	60	85	90	70	80	

① 全体のちらばりがわかるように、データをドットプロットで表しましょう。

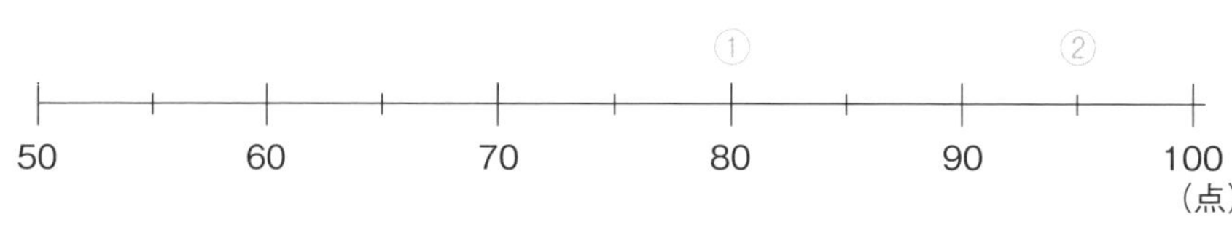

② 最ひん値を求めましょう。　（　　　　点）

③ 中央値を求めましょう。　（　　　　点）

月　日

❀ 次の表は、１組と２組のソフトボール投げの記録です。表を見て、階級に整理しましょう。

ソフトボール投げの記録（m）

１組 18人	16	31	20	17	26	23	18	29	23
	22	17	28	18	24	11	34	21	27

２組 17人	19	28	27	33	24	25	24	12	21
	14	20	18	22	26	23	29	22	

階級	正の字	１組	正の字	２組
以上 30m～35m 未満				
以上 25m～30m 未満				
以上 20m～25m 未満				
以上 15m～20m 未満				
以上 10m～15m 未満				
合　計				

66 資料の整理 ④

月　日

❀ 次の柱状グラフは、３組全員の50m走の記録です。

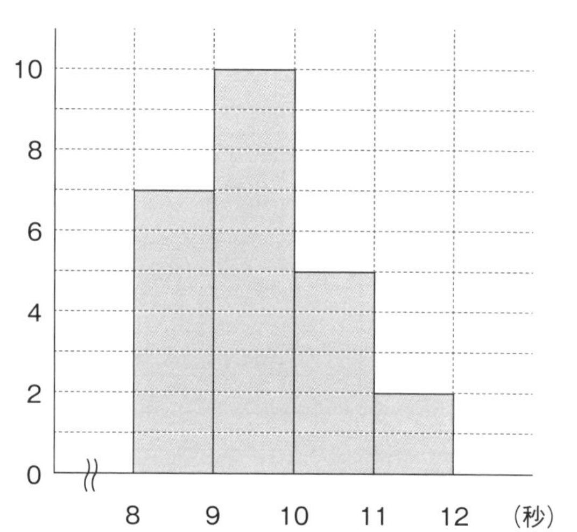

① 人数が一番多いのは、何秒以上何秒未満ですか。

(　　秒以上～　　秒未満)

② ３組は、全員で何人ですか。

(　　　　人)

③ ななみさんは、9.5秒でした。速い方から数えて、何番目から何番目の間にいますか。

(　　番目から　　番目の間)

67 資料の整理 ⑤

月　日

❀ 1組のソフトボール投げの記録を5mごとに区切って整理しました。

ソフトボール投げの記録

きょり（m）	1組（人）
5以上～10未満	2
10以上～15未満	1
15以上～20未満	8
20以上～25未満	5
25以上～30未満	3
30以上～35未満	1
合　計	20

1組の記録

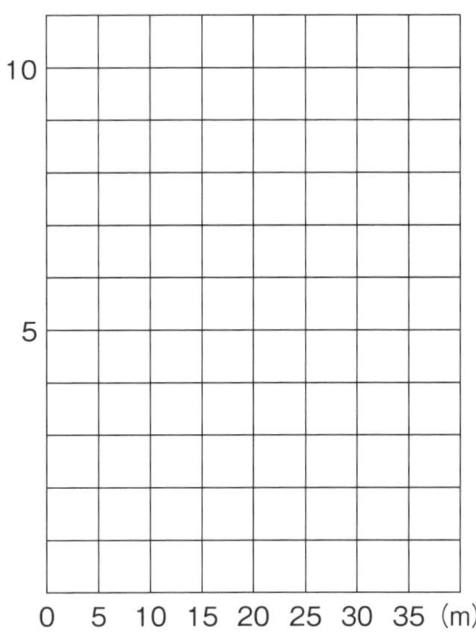

① 中央値はどの区切りですか。

（　　以上～　　未満）

② 1組の記録を柱状グラフに表しましょう。

③ ゆうきさんの記録は22mでした。遠く投げた方から数えて、何番目から何番目の間にいますか。

（　　番目から　　番目の間）

68 資料の整理 ⑥

月　日

❀ 2組の家庭学習の時間（分）を調べました。

①	②	③	④	⑤	⑥	⑦	⑧	⑨	⑩
80	50	70	40	50	10	40	60	30	50
⑪	⑫	⑬	⑭	⑮	⑯	⑰	⑱	⑲	⑳
50	90	60	20	40	60	40	90	50	60

2組の家庭学習時間

時間（分）	（人）
0以上～20未満	
20以上～40未満	
40以上～60未満	
60以上～80未満	
80以上～100未満	
計	

2組の家庭学習時間

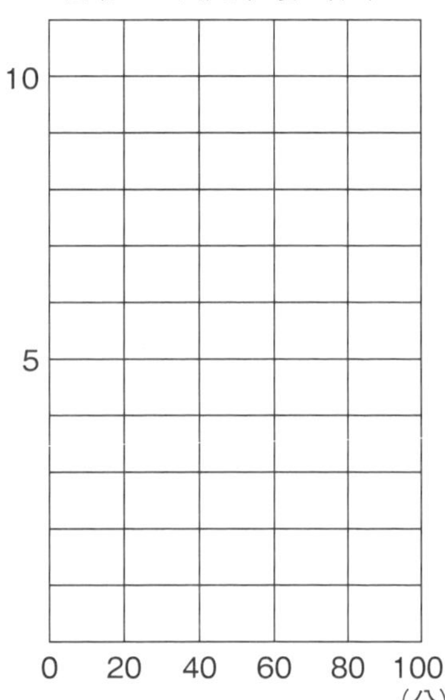

① 表を見て、階級に整理しましょう。

② 2組の記録を柱状グラフに表しましょう。

69 拡大と縮小 ①

月　日

✿ 横が25mあるプールの縮図をかきました。

① この縮図(しゅくず)の縮尺(しゅくしゃく)を求めましょう。

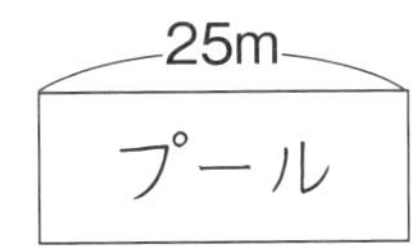

(縮図上の長さ)(実際の長さ)

25mm ： 25m ＝ 25mm ： □ mm

＝ 1 ： □

② 実際のプールの縦(たて)の長さを求めましょう。

式

(縮図上の長さ)

10mm × 1000 ＝ □ mm

＝ □ m

答え　　　　m

70 拡大と縮小 ②

月　日

❀ 5万分の1の地図上で、縦4cm、横3cmの長方形の土地があります。

① 土地を1周すると何kmですか。

式

$(4+3)\times 2=14$

$14\times 50000=700000$ (cm)

$=7$ (km)

答え　　　km

② 土地の面積は、何km^2ですか。

式

$4\times 50000=$ □ (cm)

$3\times 50000=$ □ (cm)

□ (km) × □ (km) ＝ □

答え　　　km^2

71 拡大と縮小 ③

月　日

1　実際の長さが200mで、地図上の長さが4cmのとき、地図の縮尺（しゅくしゃく）を求め、分数で表しましょう。

式

200m＝20000cm

4cm：20000cm＝1：5000

答え　$\frac{1}{5000}$

2　実際の長さが500mで、地図上の長さが5cmのとき、地図の縮尺を求め、分数で表しましょう。

式

500m＝50000cm

5cm：50000cm＝1：10000

答え　$\frac{1}{\square}$

72 拡大と縮小 ④

月　日

1　実際の長さが5kmで、縮尺（しゅくしゃく）が$\frac{1}{50000}$のとき、縮図（しゅくず）上の長さを求めましょう。

式

5km＝5000m＝500000cm

$500000 \times \frac{1}{50000} =$

答え　　　　cm

2　縮尺が$\frac{1}{10000}$の縮図上で、4cmの長さは、実際の長さでは何mですか。

式

4cm×10000＝40000cm

＝□m

答え　　　　m

73 柱状の体積 ①

月　日

1　次の立体の体積を求めましょう。

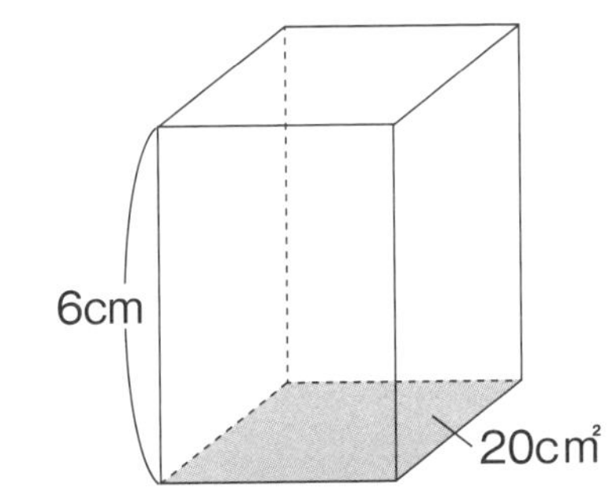

式　$20 \times 6 =$ □

答え　　　cm^3

2　半径が10cm、高さが5cmの円柱の体積を求めましょう。

式

$10 \times 10 \times 3.14 \times 5 =$ □ $\times 5$

$=$ □

答え　　　cm^3

3　底辺が6cm、高さが4cmの三角形が底面で、高さが8cmの三角柱の体積を求めましょう。

式

$(6 \times 4 \div 2) \times 8 =$ □ $\times 8$

$=$ □

答え　　　cm^3

74 柱状の体積 ②

月　日

✿ 次の図を見て、答えましょう。

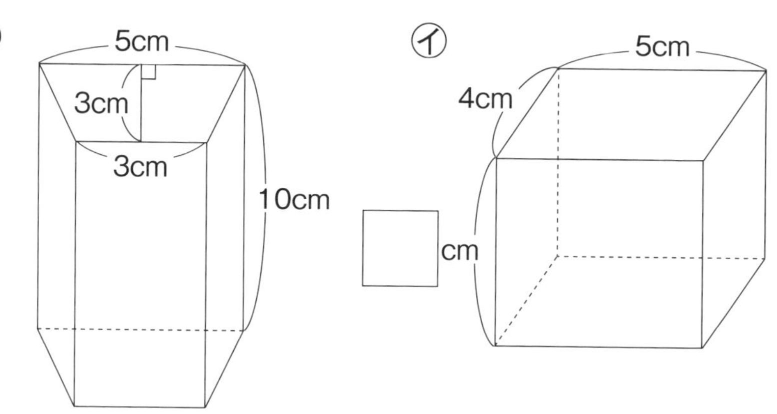

① ㋐の四角柱の体積を求めましょう。

式 (3＋5)×3÷2＝12

12×10＝120

答え　　cm³

② ㋐と同じ体積になるとき、㋑の高さは何cmになりますか。

式 120÷(4×5)＝

答え　　cm

75 柱状の体積 ③

月　日

1　次の三角柱の体積が60cm³になるとき、高さは何cmですか。

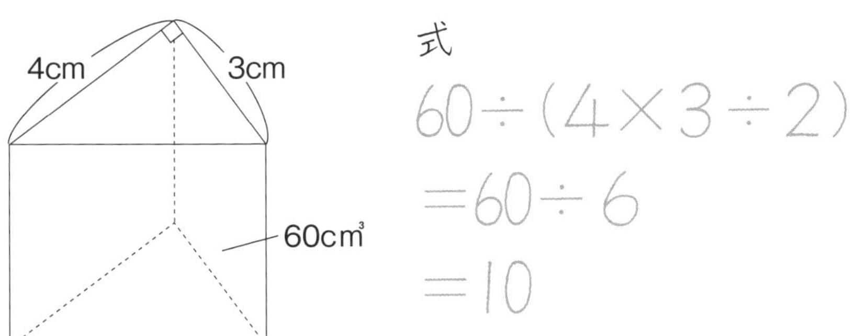

答え　cm

2　体積が180cm³の三角柱の底面は、底辺が6cm、高さが5cmの三角形です。この三角柱の高さは何cmですか。

式

180÷(6×5÷2)=180÷□
=□

答え　cm

76 柱状の体積 ④

月　日

1　直径10cm、高さ15cmの円柱の底辺に、直径4cmの円の穴をあけました。穴のあいた円柱の体積を求めましょう。　　（電たく使用）

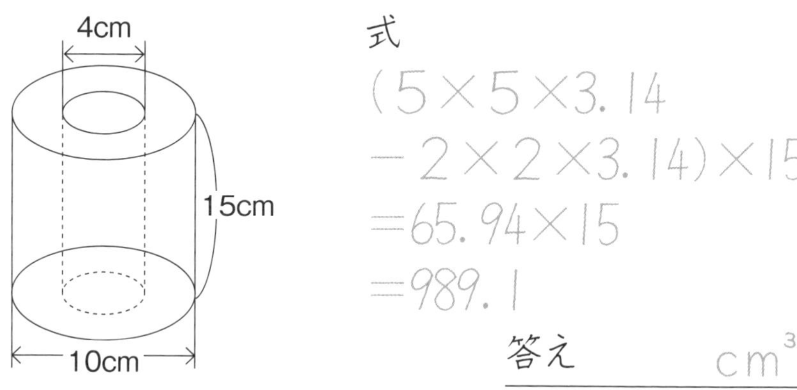

式

$(5\times5\times3.14-2\times2\times3.14)\times15$
$=65.94\times15$
$=989.1$

答え　　　　　cm³

2　半径3cm、高さ10cmの円柱があります。そこに、底辺と高さが2cmの直角三角形を底面とする三角柱の穴をあけました。穴のあいた円柱の体積を求めましょう。（電たく使用）

式

(3×3×3.14−□×□÷2)×10
=□×10=□

答え　　　　　cm³

77 柱状の体積 ⑤

月　日

1　体積が120cm³の四角柱があります。この四角柱の高さは8cmです。

四角柱の底面積は、何cm²ですか。

式

120÷8＝15

答え　cm²

2　体積が80cm³の三角柱があります。この三角柱の高さは5cmで、底面の三角形の底辺が4cmです。三角形の高さは何cmですか。

式

80÷□÷□×2

＝□

5cm
4cm
□
80cm³

答え　cm

78 柱状の体積 ⑥

月　日

1　底面積が10cm²、高さが15cmの四角柱の水そうに、水が８cmのところまで入っています。その水そうに、石を入れると、水面の高さが12cmになりました。石の体積は何cm³ですか。

式

$10 \times (12-8) = 10 \times 4$

$= 40$

答え　　cm³

2　図のような水そうから石を取り出すと、水面の高さが７cmから５cmに下がりました。石の体積を求めましょう。

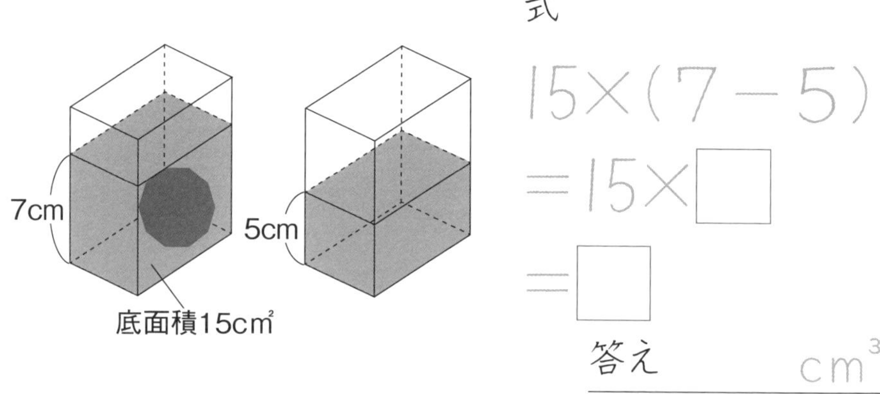

式

$15 \times (7-5)$

$= 15 \times \square$

$= \square$

答え　　cm³

79 速さの問題 ①

月　日

1　兄は分速70mで、弟は分速60mで、同じ所から反対方向へ同時に出発します。

① 1分後に2人は何mはなれますか。

70 ＋ 60 ＝ □

答え　　　m

② 15分後に2人は何mはなれますか。(電たく使用)

130 × 15 ＝ □

答え　　　m

2　兄は分速200mのランニングで西へ、姉は分速60mの徒歩で東へ、同じ所から同時に出発します。

15分後に2人は何mはなれますか。(電たく使用)

200m ← 兄　姉 → 60m

15分後 ―― 出発

1分後　200 ＋ 60 ＝ □

15分後　□ × 15 ＝ □

答え　　　m

80 速さの問題 ②

月　日

1 松田(まつだ)さんは分速60m、竹田(たけだ)さんは分速65mで、同じ所から同時に反対方向へ出発します。

20分後に2人は何mはなれますか。（電たく使用）

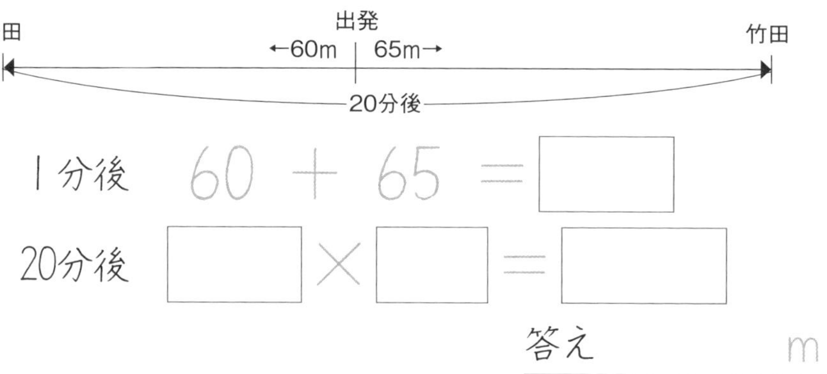

1分後　60 ＋ 65 ＝ □

20分後　□ × □ ＝ □

答え　　　m

2 急行と特急が、同じ駅から同時に反対方向へ出発します。急行は時速75km、特急は時速95kmです。

6時間後に何kmはなれますか。

急行
出発
←75km
95km→
特急
6時間後

1時間後　75 ＋ □ ＝ □

6時間後　□ × □ ＝ □

答え　　　km

81 速さの問題 ③

月　日

1　兄は分速65mで、妹は分速60mで、同じ所から同じ方向へ同時に出発します。

①　1分後に2人は何mはなれますか。

65 － 60 ＝ □

答え　　　m

②　15分後に2人は何mはなれますか。

□ × 15 ＝ □

答え　　　m

2　姉は分速60mで、弟は分速50mで、同じ所から同じ方向へ同時に出発します。

15分後に2人は何mはなれますか。

姉 60m

弟 50m

1分後　60 － 50 ＝ □

15分後　□ × 15 ＝ □

答え　　　m

82 速さの問題 ④

月　日

1 西口(にしぐち)さんと北口(きたぐち)さんは、自転車で同じ所から同じ方向へ同時にスタートします。西口さんは分速200m、北口さんは分速170mです。20分後に何mはなれますか。

1分後　200 − 170 ＝ □

20分後　□ × □ ＝ □

答え　　　m

2 急行は時速70kmで、特急は時速100kmで、どちらも東へ向っています。A駅を同時に通過して、7時間後に何kmはなれますか。

1時間後　100 − □ ＝ □

7時間後　□ × □ ＝ □

答え　　　km

83 速さの問題 ⑤

月　日

1 兄さんは時速5kmで、私(わたし)は時速4kmで、27kmはなれた所から、同時に向かいあって出発します。兄と私は何時間後に出会いますか。

① 1時間後何km近づきますか。

5 ＋ 4 ＝ □

答え　　km

② 何時間後に出会いますか。

27 ÷ □ ＝ □

答え　　時間後

2 谷川(たにがわ)さんは分速70mで、水口(みずぐち)さんは分速60mで、5200mはなれた所から、同時に向かいあって出発します。2人は何分後に出会いますか。(電たく使用)

谷川 70m → ← 60m 水口

5200m

1分後　70 ＋ 60 ＝ □

出会う　5200 ÷ □ ＝ □

答え　　分後

84 速さの問題 ⑥

月　日

1　A駅、B駅間は750kmです。A駅から特急が時速80kmで、B駅から急行が時速70kmで、同時に向かいあって発車します。何時間後に出会いますか。

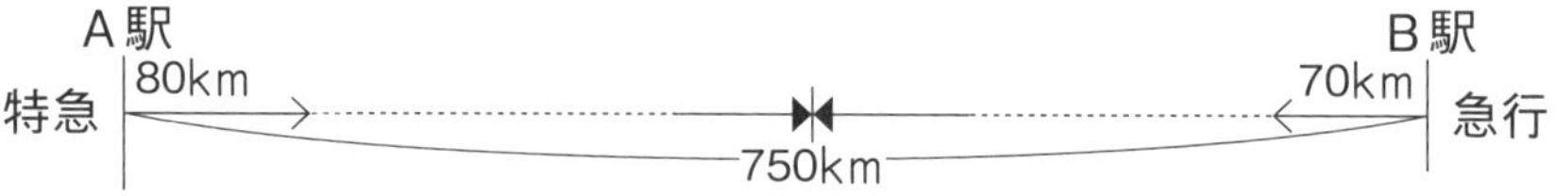

A駅
特急　80km　→　←　70km　急行
B駅
750km

1時間後　80 ＋ 70 ＝ □

出会う　□ ÷ □ ＝ □

答え　　時間後

2　小林（こばやし）さんは分速65m、小森（こもり）さんは分速55mで、3000mはなれた所から、同時に向かいあって歩き出します。2人は何分後に出会いますか。（電たく使用）

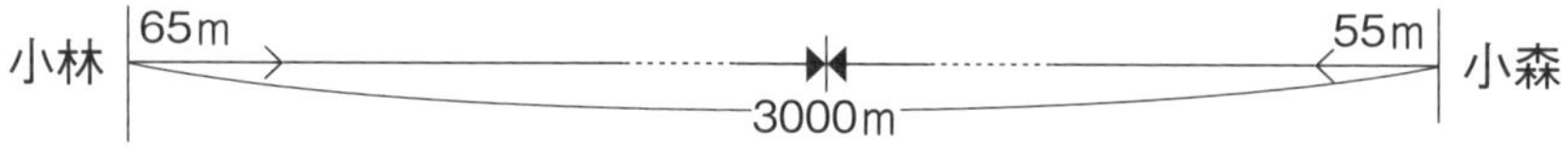

小林　65m　→　←　55m　小森
3000m

1分後　65 ＋ □ ＝ □

出会う　□ ÷ □ ＝ □

答え　　分後

こたえ

◇1 文字を使った式 ①

1　$x+5=13$
$x=13-5$
$x=8$　　8個

2　$x+5=15$
$x=15-5$
$x=10$　　10枚

◇2 文字を使った式 ②

1　$x+15=20$
$x=20-15$
$x=5$　　5 L

2　$x+1.2=6.7$
$x=6.7-1.2$
$x=5.5$　　5.5kg

◇3 文字を使った式 ③

1　$35+x=50$
$x=50-35$
$x=15$　　15枚

2　$43+x=50$
$x=50-43$
$x=7$　　7冊

◇4 文字を使った式 ④

1　$23+x=33$
$x=33-23$
$x=10$　　10枚

2　$40+x=70$
$x=70-40$
$x=30$　　30個

◇5 文字を使った式 ⑤

1　$x-7=23$
$x=23+7$
$x=30$　　30個

2　$x-6=14$
$x=14+6$
$x=20$　　20個

◇6 文字を使った式 ⑥

1　$x-4=6$
$x=6+4$
$x=10$　　10dL

2　$x-2=8$
$x=8+2$
$x=10$　　10dL

◇7 文字を使った式 ⑦

1　$20-x=12$
$x=20-12$
$x=8$　　8個

[2] $25 - x = 10$
$x = 25 - 10$
$x = 15$ 15個

⑧ 文字を使った式 ⑧

[1] $70 - x = 40$
$x = 70 - 40$
$x = 30$ 30cm

[2] $50 - x = 20$
$x = 50 - 20$
$x = 30$ 30m

⑨ 文字を使った式 ⑨

[1] $x \times 5 = 400$
$x = 400 \div 5$
$x = 80$ 80円

[2] $x \times 5 = 600$
$x = 600 \div 5$
$x = 120$ 120円

⑩ 文字を使った式 ⑩

[1] $x \times 6 = 30$
$x = 30 \div 6$
$x = 5$ 5 dL

[2] $x \times 6 = 240$
$x = 240 \div 6$
$x = 40$ 40g

⑪ 文字を使った式 ⑪

[1] $4 \times x = 24$
$x = 24 \div 4$
$x = 6$ 6 個

[2] $3 \times x = 24$
$x = 24 \div 3$
$x = 8$ 8 個

⑫ 文字を使った式 ⑫

[1] $x \times 4 = 60$
$x = 60 \div 4$
$x = 15$ 15cm

[2] $x \times 4 = 100$
$x = 100 \div 4$
$x = 25$ 25m

⑬ 文字を使った式 ⑬

[1] $x \div 20 = 4$
$x = 4 \times 20$
$x = 80$ 80m²

[2] $x \div 40 = 5$
$x = 5 \times 40$
$x = 200$ 200cm

⑭ 文字を使った式 ⑭

[1] $x \div 50 = 6$
$x = 6 \times 50$
$x = 300$ 300g

[2] $x \div 2 = 10$
$x = 10 \times 2$
$x = 20$ 20dL

⑮ 文字を使った式 ⑮

[1] $200 \div x = 10$
$x = 200 \div 10$
$x = 20$ 20個

[2] $40 \div x = 10$

$x = 40 \div 10$

$x = 4$ 　　4個

16 文字を使った式 ⑯

[1] $200 \div x = 5$

$x = 200 \div 5$

$x = 40$ 　　40g

[2] $350 \div x = 5$

$x = 350 \div 5$

$x = 70$ 　　70mL

17 分数のかけ算 ①

[1] $5 \times \frac{2}{7} = \frac{10}{7}$ 　　$\frac{10}{7}$m²

[2] $4 \times \frac{2}{5} = \frac{8}{5}$ 　　$\frac{8}{5}$L

18 分数のかけ算 ②

[1] $4 \times \frac{3}{4} = \frac{\overset{1}{\cancel{4}} \times 3}{1 \times \underset{1}{\cancel{4}}} = 3$ 　　3km

[2] $2 \times \frac{3}{4} = \frac{\overset{1}{\cancel{2}} \times 3}{1 \times \underset{2}{\cancel{4}}} = \frac{3}{2}$ 　　$\frac{3}{2}$L

19 分数のかけ算 ③

[1] $\frac{1}{4} \times \frac{3}{5} = \frac{3}{20}$ 　　$\frac{3}{20}$kg

[2] $\frac{4}{5} \times \frac{4}{3} = \frac{16}{15}$ 　　$\frac{16}{15}$m

20 分数のかけ算 ④

[1] $\frac{4}{5} \times \frac{3}{4} = \frac{\overset{1}{\cancel{4}} \times 3}{5 \times \underset{1}{\cancel{4}}} = \frac{3}{5}$ 　　$\frac{3}{5}$L

[2] $\frac{5}{6} \times \frac{3}{4} = \frac{5 \times \overset{1}{\cancel{3}}}{\underset{2}{\cancel{6}} \times 4} = \frac{5}{8}$ 　　$\frac{5}{8}$m²

21 分数のかけ算 ⑤

[1] $\frac{5}{6} \times 3\frac{9}{10} = \frac{\overset{1}{\cancel{5}} \times \overset{13}{\cancel{39}}}{\underset{2}{\cancel{6}} \times \underset{2}{\cancel{10}}}$

$= \frac{13}{4} = 3\frac{1}{4}$ 　　$3\frac{1}{4}$m

[2] $1\frac{1}{15} \times 1\frac{1}{8} = \frac{\overset{2}{\cancel{16}} \times \overset{3}{\cancel{9}}}{\underset{5}{\cancel{15}} \times \underset{1}{\cancel{8}}}$

$= \frac{6}{5} = 1\frac{1}{5}$ 　　$1\frac{1}{5}$m²

22 分数のかけ算 ⑥

[1] $\frac{20}{9} \times \frac{15}{8} = \frac{\overset{5}{\cancel{20}} \times \overset{5}{\cancel{15}}}{\underset{3}{\cancel{9}} \times \underset{2}{\cancel{8}}} = \frac{25}{6}$ 　　$\frac{25}{6}$m²

[2] $\frac{28}{15} \times \frac{25}{8} = \frac{\overset{7}{\cancel{28}} \times \overset{5}{\cancel{25}}}{\underset{3}{\cancel{15}} \times \underset{2}{\cancel{8}}} = \frac{35}{6}$ 　　$\frac{35}{6}$m²

23 分数のわり算 ①

[1] $3 \div \frac{1}{5} = \frac{3 \times 5}{1 \times 1} = 15$ 　　15個

[2] $4 \div \frac{1}{4} = \frac{4 \times 4}{1 \times 1} = 16$

16ふくろ

24 分数のわり算 ②

[1] $3 \div \frac{3}{5} = \frac{\overset{1}{\cancel{3}} \times 5}{1 \times \underset{1}{\cancel{3}}} = 5$ 　　5本

[2] $4 \div \frac{4}{5} = \frac{\overset{1}{\cancel{4}} \times 5}{1 \times \underset{1}{\cancel{4}}} = 5$

5ふくろ

25 分数のわり算 ③

[1] $\frac{5}{7} \div \frac{3}{4} = \frac{5 \times 4}{7 \times 3} = \frac{20}{21}$ 　　$\frac{20}{21}$kg

[2] $\frac{8}{7} \div \frac{3}{5} = \frac{8 \times 5}{7 \times 3} = \frac{40}{21}$ 　　$\frac{40}{21}$m²

㉖ 分数のわり算 ④

1 $\frac{3}{4}\div\frac{5}{6}=\frac{3\times\overset{3}{\cancel{6}}}{\underset{2}{\cancel{4}}\times5}=\frac{9}{10}$ $\underline{\frac{9}{10}m^2}$

2 $\frac{4}{3}\div\frac{5}{6}=\frac{4\times\overset{2}{\cancel{6}}}{\underset{1}{\cancel{3}}\times5}=\frac{8}{5}$ $\underline{\frac{8}{5}kg}$

㉗ 分数のわり算 ⑤

1 $\frac{14}{3}\div\frac{7}{6}=\frac{\overset{2}{\cancel{14}}\times\overset{2}{\cancel{6}}}{\underset{1}{\cancel{3}}\times\underset{1}{\cancel{7}}}=4$ $\underline{4\,kg}$

2 $\frac{14}{3}\div\frac{7}{9}=\frac{\overset{2}{\cancel{14}}\times\overset{3}{\cancel{9}}}{\underset{1}{\cancel{3}}\times\underset{1}{\cancel{7}}}=6$ $\underline{6個}$

㉘ 分数のわり算 ⑥

1 $\frac{21}{10}\div\frac{14}{15}=\frac{\overset{3}{\cancel{21}}\times\overset{3}{\cancel{15}}}{\underset{2}{\cancel{10}}\times\underset{2}{\cancel{14}}}=\frac{9}{4}=2\frac{1}{4}$

$\underline{2\frac{1}{4}m}$

2 $\frac{10}{9}\div\frac{8}{15}=\frac{\overset{5}{\cancel{10}}\times\overset{5}{\cancel{15}}}{\underset{3}{\cancel{9}}\times\underset{4}{\cancel{8}}}=\frac{25}{12}=2\frac{1}{12}$

$\underline{2\frac{1}{12}m}$

㉙ 分数と小数のかけ算・わり算 ①

1 式 $\frac{3}{5}\times\frac{7}{9}\times0.6=\frac{\overset{1}{\cancel{3}}\times7\times\overset{3}{\cancel{6}}}{5\times\underset{3}{\cancel{9}}\times\underset{5}{\cancel{10}}}$

$=\frac{7}{25}$

$\underline{\frac{7}{25}km^2}$

2 式 $\frac{3}{4}\times0.8\times\frac{5}{6}=\frac{\overset{1}{\cancel{3}}\times\overset{2}{\cancel{8}}\times\overset{1}{\cancel{5}}}{\underset{1}{\cancel{4}}\times\underset{2}{\cancel{10}}\times\underset{2}{\cancel{6}}}$

$=\frac{1}{2}$

$\underline{\frac{1}{2}m^3}$

㉚ 分数と小数のかけ算・わり算 ②

1 $20\frac{1}{2}\div4.5\div\frac{4}{9}$

$=\frac{41\times\overset{5}{\cancel{10}}\times\overset{1}{\cancel{9}}}{2\times\underset{5}{\cancel{45}}\times\underset{2}{\cancel{4}}}=\frac{41}{4}=10\frac{1}{4}$

$\underline{10\frac{1}{4}時間}$

2 $17\frac{1}{2}\div3\frac{1}{3}\div0.9$

$=\frac{35\times\overset{1}{\cancel{3}}\times\overset{1}{\cancel{10}}}{2\times\underset{1}{\cancel{10}}\times\underset{3}{\cancel{9}}}=\frac{35}{6}=5\frac{5}{6}$

$\underline{5\frac{5}{6}cm}$

㉛ 分数と小数のかけ算・わり算 ③

1 $4\frac{1}{2}\times5\frac{1}{9}\div0.4$

$=\frac{\overset{1}{\cancel{9}}\times\overset{23}{\cancel{46}}\times\overset{5}{\cancel{10}}}{\underset{1}{\cancel{2}}\times\underset{1}{\cancel{9}}\times\underset{2}{\cancel{4}}}=\frac{115}{2}=57\frac{1}{2}$

$\underline{57\frac{1}{2}m^2}$

2 $3\frac{1}{3}\times2.4\div\frac{4}{5}$

$=\frac{\overset{1}{\cancel{10}}\times\overset{2}{\cancel{24}}\times5}{\underset{1}{\cancel{3}}\times\underset{1}{\cancel{10}}\times\underset{1}{\cancel{4}}}=10$

$\underline{10m^2}$

㉜ 分数と小数のかけ算・わり算 ④

1 $8\frac{1}{3}\div4\frac{1}{6}\times1.2$

$=\frac{\overset{1}{\cancel{25}}\times\overset{2}{\cancel{6}}\times\overset{6}{\cancel{12}}}{\underset{1}{\cancel{3}}\times\underset{1}{\cancel{25}}\times\underset{5}{\cancel{10}}}=\frac{12}{5}=2\frac{2}{5}$

$\underline{2\frac{2}{5}時間}$

2　$0.3 \div \frac{3}{5} \times \frac{7}{9} = \frac{\cancel{3} \times \cancel{5} \times 7}{\cancel{10} \times \cancel{3} \times 9}$

$= \frac{7}{18}$　　$\frac{7}{18}$dL

33 比の問題 ①

1　4：5

2　11：16

34 比の問題 ②

1　6：8＝3：4　　3：4

2　25：15＝5：3　　5：3

35 比の問題 ③

1　① 6：10　② 15：12
③ 10：14　④ 4：7
⑤ 5：6

2　3：4＝15：20　　20m

36 比の問題 ④

1　5：6＝45：54　　54枚

2　2：3＝50：75　　50cm

37 比の問題 ⑤

1　8：5＝80：50　　姉 50cm
80−50＝30　　妹 30cm

2　7：4＝70：40　　兄 40m
70−40＝30　　弟 30m

38 比の問題 ⑥

1　9：5＝36：20　　A 20L
36−20＝16　　B 16L

2　12：7＝48：28　　A 28kg
48−28＝20　　B 20kg

39 比例の問題 ①

1　① 20cm　② 5倍

2　① 15cm　② 6分後

40 比例の問題 ②

1　① 20g　② 10g
③ 長さ左から5，7
重さ左から40，60

2　① 20倍
② 長さ7
重さ左から
20，40，120，160

41 比例の問題 ③

1　20÷5＝4　30×4＝120
120L

2　12÷2＝6　30×6＝180
180km

42 比例の問題 ④

1　20÷2＝10　16×10＝160
160g

2　70÷10＝7　15×7＝105
105g

43 比例の問題 ⑤

1　24÷3＝8　80×8＝640
640円

2　24÷4＝6　35×6＝210
210km

㊹ 比例の問題 ⑥

1 $120 \div 4 = 30$　$15 \times 30 = 450$

450円

2 $200 \div 5 = 40$　$13 \times 40 = 520$

520g

㊺ 比例の問題 ⑦

1 $24 \div 3 = 8$　$80 \div 8 = 10$

10m

2 $21 \div 3 = 7$　$140 \div 7 = 20$

20m

㊻ 比例の問題 ⑧

1 $60 \div 2 = 30$　$750 \div 30 = 25$

25秒

2 $240 \div 4 = 60$　$900 \div 60 = 15$

15秒

㊼ 反比例の問題 ①

1

x	1	2	3		6
y	6	3	2		1

2

x	1	2	3	4		6		12
y	12	6	4	3		2		1

㊽ 反比例の問題 ②

1

x	1	2	4	5	8	10	16
y	16	8	4	3.2	2	1.6	1

2

x	1	2	3	4	5
y	18	9	6	4.5	3.6

6	8	9	10	16	18
3	2.25	2	1.8	1.125	1

㊾ 反比例の問題 ③

1 ① $x \times y = 24$

② $24 \div 4 = 6$　6日

2 ① $x \times y = 30$

② $30 \div 10 = 3$　3人

㊿ 反比例の問題 ④

1 ① $x \times y = 48$

② $48 \div 4 = 12$　12時間

2 ① $60 \div 10 = 6$　6m

② $60 \div 3 = 20$　20本

51 反比例の問題 ⑤

1 $4 \times 6 = 24$　$24 \div 3 = 8$

8cm

2 $6 \times 6 = 36$　$36 \div 9 = 4$

4m

52 反比例の問題 ⑥

1 $48 \times 2 = 96$　$96 \div 32 = 3$

3時間

2 $18 \times 30 = 540$　$540 \div 12 = 45$

45秒

53 円の面積 ①

1 $10 \times 10 \times 3.14 = 314$

$5 \times 5 \times 3.14 = 78.5$

$314 - 78.5 = 235.5$　235.5cm²

2 $20 \times 20 \times 3.14 = 1256$

$10 \times 10 \times 3.14 = 314$

$1256 - 314 = 942$

$942 \div 2 = 471$　471cm²

54 円の面積 ②

1 $12 \times 12 \times 3.14 = 452.16$

$6 \times 6 \times 3.14 = 113.04$

$452.16 - 113.04 = 339.12$

$339.12 \div 3 = 113.04$ <u>$113.04m^2$</u>

2 $20 \times 20 \times 3.14 = 1256$

$10 \times 10 \times 3.14 = 314$

$1256 - 314 = 942$

$942 \div 5 = 188.4$ <u>$188.4m^2$</u>

55 円の面積 ③

1 $10 \times 10 \times 3.14 \div 2 = 157$

$10 \times 10 \times 2 = 200$

$157 + 200 = 357$ <u>$357cm^2$</u>

2 $5 \times 5 \times 3.14 = 78.5$

$10 \times 10 = 100$

$78.5 + 100 = 178.5$ <u>$178.5cm^2$</u>

56 円の面積 ④

1 $10 \times 10 \times 3.14 \div 2 = 157$

$20 \times 20 \div 2 = 200$

$157 + 200 = 357$ <u>$357cm^2$</u>

2 $4 \times 4 \times 3.14 = 50.24$

$8 \times 8 = 64$

$50.24 + 64 = 114.24$ <u>$114.24cm^2$</u>

57 場合の数 ①

1 １２３，１３２

２１３，２３１

３１２，３２１

2 ＡＢＣ，ＡＣＢ

ＢＡＣ，ＢＣＡ

ＣＡＢ，ＣＢＡ

58 場合の数 ②

1 ０１２３，０１３２

０２１３，０２３１

０３１２，０３２１

2 ＡＢＣＤ，ＡＢＤＣ

ＡＣＢＤ，ＡＣＤＢ

ＡＤＢＣ，ＡＤＣＢ

59 場合の数 ③

1

赤	黄	青
赤	青	黄
黄	赤	青
黄	青	赤
青	赤	黄
青	黄	赤

<u>6通り</u>

2

左	右上	右下
赤	黄	青
赤	青	黄
黄	赤	青
黄	青	赤
青	赤	黄
青	黄	赤

<u>6通り</u>

60 場合の数 ④

1

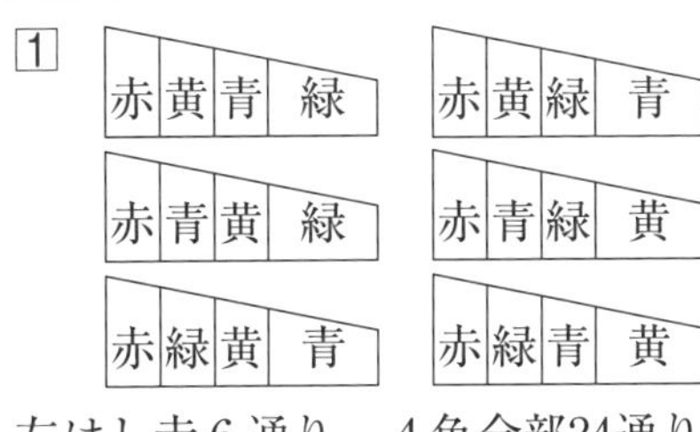

<u>左はし赤6通り，４色全部24通り</u>

2

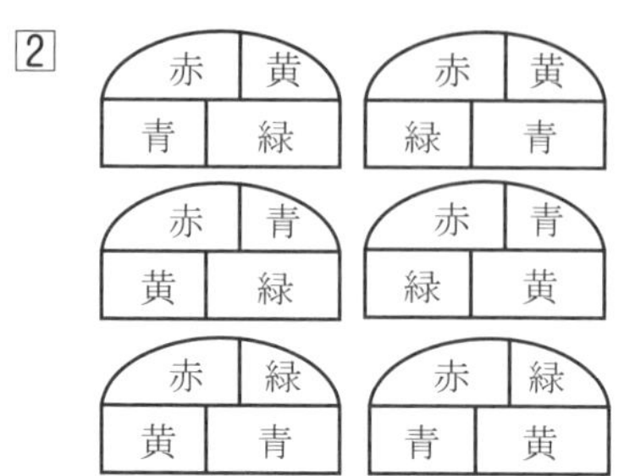

左上赤６通り，４色全部24通り

61 場合の数 ⑤

1 A対B　A対C
A対D　B対C
B対D　C対D

６通り

2 ㋷—㋯　㋷—㋤
㋷—㋕　㋷—Ⓑ
㋯—㋤　㋯—㋕
㋯—Ⓑ　㋤—㋕
㋤—Ⓑ　㋕—Ⓑ

10通り

62 場合の数 ⑥

1 ①＋⑤＝6　⑤＋⑩＝15
①＋⑩＝11　⑤＋㊿＝55
①＋㊿＝51　⑩＋㊿＝60

６円，11円，51円，15円，
55円，60円

2 ①＋⑤＝6　⑤＋㊿＝55
①＋⑩＝11　⑤＋⑩⓪＝105
①＋㊿＝51　⑩＋㊿＝60
①＋⑩⓪＝101　⑩＋⑩⓪＝110
⑤＋⑩＝15　㊿＋⑩⓪＝150

６円，11円，51円，101円，15円，
55円，105円，60円，110円，150円

63 資料の整理 ①

1 152＋146＋150＋148＋149
＋148＋151＋148＋149＝1341
1341÷９＝149　149cm

2

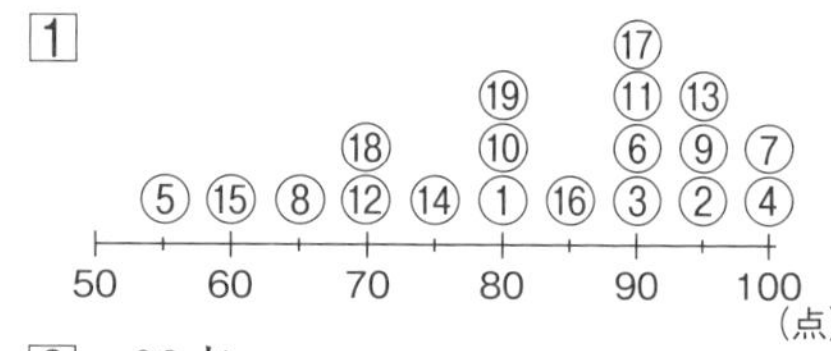

3 148cm

4 149cm

64 資料の整理 ②

1

⑰
⑲ ⑪ ⑬
⑱ ⑩ ⑥ ⑨ ⑦
⑤ ⑮ ⑧ ⑫ ⑭ ① ⑯ ③ ② ④

50　60　70　80　90　100（点）

2 90点

3 85点

65 資料の整理 ③

階級	正の字	１組	正の字	２組
以上 未満 30m～35m	丅	2	一	1
25m～30m	𠄌	4	正	5
20m～25m	正一	6	正丅	7
15m～20m	正	5	丅	2
10m～15m	一	1	丅	2
合計		18		17

66 資料の整理 ④

1　9秒以上～10秒未満

2　（7＋10＋5＋2＝24）　<u>24人</u>

3　8番目から17番目の間

67 資料の整理 ⑤

1　15m以上～20m未満

2

１組の記録

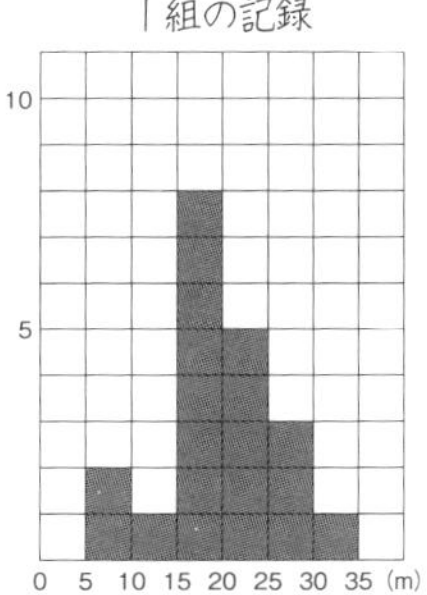

③　5番目～9番目の間

68 資料の整理 ⑥

1

2組の家庭学習時間

階級（分）	（人）
0以上～20未満	1
20以上～40未満	2
40以上～60未満	9
60以上～80未満	5
80以上～100未満	3
計	20

2組の家庭学習時間

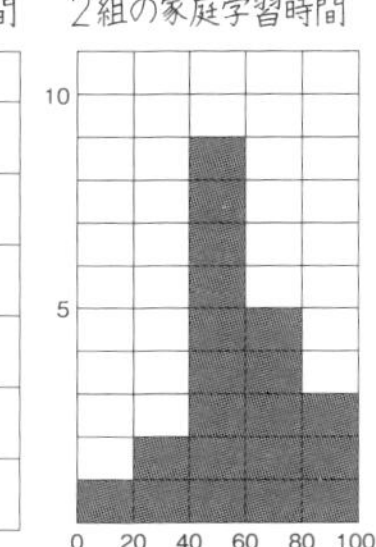

69 拡大と縮小 ①

1　25mm：25m

＝25mm：25000mm

＝1：1000

2　縮図の縦の長さ1cm＝10mm

10×1000＝10000（mm）

＝10　<u>10m</u>

70 拡大と縮小 ②

①　（4＋3）×2＝14

14×50000＝700000（cm）

<u>7km</u>

②　4×50000＝200000（cm）

3×50000＝150000（cm）

2（km）×1.5（km）＝3

<u>3km²</u>

71 拡大と縮小 ③

1　200m＝20000cm

4cm：20000cm＝1：5000

$\underline{\dfrac{1}{5000}}$

2　500m＝50000cm

5cm：50000cm＝1：10000

$\underline{\dfrac{1}{10000}}$

72 拡大と縮小 ④

1　5km＝5000m＝500000cm

$500000\times\dfrac{1}{50000}=10\text{cm}$

<u>10cm</u>

2　4×10000＝40000cm

＝400m　<u>400m</u>

73 柱状の体積 ①

1　20×6＝120　<u>120cm³</u>

2　10×10×3.14×5＝314×5

＝1570　<u>1570cm³</u>

3　（6×4÷2）×8＝12×8

＝96　<u>96cm³</u>

74 柱状の体積 ②

① $(3+5)\times 3\div 2=12$
$12\times 10=120$　　<u>120cm³</u>

② $120\div(4\times 5)=6$　　<u>6 cm</u>

75 柱状の体積 ③

1 $60\div(4\times 3\div 2)$
$=60\div 6=10$　　<u>10cm</u>

2 $180\div(6\times 5\div 2)=180\div 15$
$=12$　　<u>12cm</u>

76 柱状の体積 ④

1 $(5\times 5\times 3.14-2\times 2\times 3.14)$
$\times 15=65.94\times 15=989.1$
<u>989.1cm³</u>

2 $(3\times 3\times 3.14-2\times 2\div 2)$
$\times 10=26.26\times 10=262.6$
<u>262.6cm³</u>

77 柱状の体積 ⑤

1 $120\div 8=15$　　<u>15cm²</u>

2 $80\div 5\div 4\times 2=8$　　<u>8 cm</u>

78 柱状の体積 ⑥

1 $10\times(12-8)=10\times 4=40$
<u>40cm³</u>

2 $15\times(7-5)=15\times 2=30$
<u>30cm³</u>

79 速さの問題 ①

1 ① $70+60=130$　　<u>130m</u>
② $130\times 15=1950$　　<u>1950m</u>

2 $200+60=260$
$260\times 15=3900$　　<u>3900m</u>

80 速さの問題 ②

1 $60+65=125$　$125\times 20=2500$
<u>2500m</u>

2 $75+95=170$　$170\times 6=1020$
<u>1020km</u>

81 速さの問題 ③

1 ① $65-60=5$　　<u>5 m</u>
② $5\times 15=75$　　<u>75m</u>

2 $60-50=10$　$10\times 15=150$
<u>150m</u>

82 速さの問題 ④

1 $200-170=30$　$30\times 20=600$
<u>600m</u>

2 $100-70=30$　$30\times 7=210$
<u>210km</u>

83 速さの問題 ⑤

1 ① $5+4=9$　　<u>9 km</u>
② $27\div 9=3$　　<u>3時間後</u>

2 $70+60=130$
$5200\div 130=40$　　<u>40分後</u>

84 速さの問題 ⑥

1 $80+70=150$　$750\div 150=5$
<u>5時間後</u>

2 $65+55=120$　$3000\div 120=25$
<u>25分後</u>